Jean-Claude Tanguy
Université de Paris VI et Institut de Physique du Globe de Paris

Les volcans

Photographies de l'auteur

EDITIONS JEAN-PAUL GISSEROT
www.editions-gisserot.com

Introduction

Ce vingtième siècle avait deux ans... Sous le chaud climat de la Martinique, une cité prospère, Saint-Pierre, aligne ses toits multicolores entre la mer des Antilles et une montagne verdoyante dont bien peu de gens se souviennent qu'elle était autrefois "pelée", que la Montagne Pelée est un volcan. En ce matin du 8 mai 1902 l'inquiétude est grande à Saint-Pierre. Depuis deux semaines des nuages de vapeur s'échappent du haut de la montagne, une fine poussière d'un gris blanchâtre obscurcit les rues, pénètre dans les maisons et jusqu'au fond des meubles les mieux fermés, une odeur de soufre irrite les gorges, des bruits souterrains retentissent. De légères trépidations du sol ont rompu des câbles sous-marins et, l'autre jour, un énorme torrent de boue chaude a englouti l'usine Guérin, plus rapprochée du sommet que la ville elle-même. Certains des Pierrotins ont pris la fuite, mais la plupart sont encore indécis : ces étranges phénomènes n'ont-ils pas atteint leur point culminant ? La situation semble s'améliorer. Hier soir, d'ailleurs, le gouverneur Mouttet et le lieutenant-colonel Gerbault, chef de la sécurité civile, sont arrivés en compagnie de leurs épouses pour rassurer la population et visiter, aujourd'hui, les endroits sinistrés. Il est maintenant huit heures.

A 8h02, il n'y aura plus de Saint-Pierre. Ce qui s'est passé pendant ces deux minutes tragiques, rares seront les témoins qui pourront le raconter. Ils "ont entendu de violentes détonations, puis ils ont vu arriver sur la ville, avec une rapidité foudroyante, une nuée noire, sillonnée d'éclairs, roulant sur le sol... Quand un fort vent de retour l'eut refoulée, les quelques survivants à bord des bateaux en rade qui n'avaient pas été coulés et ceux qui étaient cramponnés à des épaves flottant sur la mer, ne virent plus de la ville qu'un monceau de ruines que dévorait l'incendie. En outre la végétation, les habitations de toute la partie comprise entre le cratère, le Morne Folie et la Petite Anse du Carbet [au-delà de Saint-Pierre] avaient disparu, recouverts d'un épais linceul de cendres grises." (Lacroix, *La Montagne Pelée et ses éruptions*, Masson, 1904, p. 37).

La capitale des Antilles et ses 28 000 habitants venaient d'être anéantis par une *nuée ardente*, l'une des plus redoutables manifestations éruptives. Ne pouvait-on prévoir ou du moins prévenir ce drame ? Qu'est-ce qu'une nuée ardente ? Qu'est-ce au juste qu'un volcan ? Cent ans plus tard, ces questions sont toujours d'actualité.

Ruines de Saint-Pierre, 1902 (doc. A. Lacroix)

Avant d'exposer les connaissances récentes de la science volcanologique - celles-là mêmes qui manquaient à l'époque de la destruction de Saint-Pierre -, il faut préciser que le côté spectaculaire et meurtrier n'est qu'un des aspects du volcanisme. Bien plus nombreuses sont les éruptions qui, si elles peuvent durer des années et se révéler destructrices à la longue, sont relativement tranquilles et constituent un attrait touristique certain. Mais, surtout, les pays volcaniques sont parmi les plus fertiles du monde et l'on comprendra que beaucoup d'êtres humains, pressés par des besoins immédiats dont le premier est d'abord de pouvoir manger à leur faim, aient depuis longtemps fait leur choix entre le risque éventuel d'un cataclysme, dans quelques siècles, et la certitude de mourir d'inanition, tout de suite, pour peu qu'ils abandonnent ces terres en fin de compte plutôt hospitalières.

Dégazage d'un magma basaltique (Etna, 47% de silice) : projections de lambeaux de lave incandescents et débordement de coulées. Les projections atteignent quelques centaines de mètres de haut.

CHAPITRE 1

QU'EST-CE QU'UN VOLCAN ?

UN VOLCAN, d'après le dictionnaire, c'est " une montagne qui émet ou a émis des matières en fusion : le feu, la flamme des volcans ". Mais feu et flamme (phénomènes de combustion) ne jouent pratiquement aucun rôle dans le volcanisme, et si certains volcans comptent parmi les plus hautes montagnes, d'autres se réduisent à des monticules de quelques mètres ou dizaines de mètres, voire à une simple fissure du sol. La montagne volcanique, tout à fait particulière, constitue donc un objet dont la définition n'est pas évidente, puisqu'elle peut même ne pas exister ! Seule reste valable l'émission de matières en fusion, c'est-à-dire de laves ou plutôt de magmas.

Magmas, éruptions, laves.

Un ***magma*** est un mélange de *roches liquéfiées* et de *gaz* à haute température (800 à 1200 °C) provenant de l'intérieur de la Terre. L'échappement des gaz est d'ailleurs la manifestation la plus évidente, celle qui signale, parfois de très loin, l'éruption. Cependant les gaz, ou d'une façon plus générale les ***composants volatils*** (vapeur d'eau, dioxyde de carbone, dioxyde de soufre, etc.) ne sont pas la cause première du volcanisme, pour la bonne raison qu'il ne peut y avoir de gaz en profondeur, lorsque le magma demeure emprisonné sous une contre pression externe suffisante due au poids des roches de l'écorce terrestre (= pression 1, ou pression de confinement, de type hydrostatique). Les composants volatils existent alors à l'état de *fluides* dissous et invisibles dans le ***liquide magmatique***, lequel monte parce qu'il est moins dense ou, si l'on préfère, plus léger que le milieu solide environnant. La pression exercée par le magma (= pression 2, ou pression magmatique,

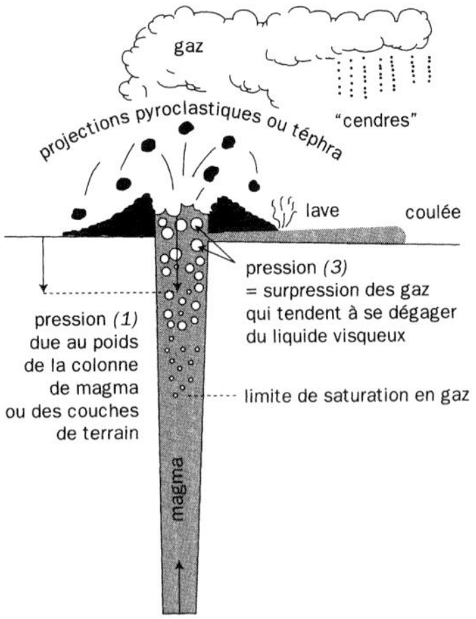

pression magmatique *(2)* =
force ascensionnelle du magma plus léger
(d =2,6) **que les roches solides environnantes**
(d = 3,5 à 2,7)

Figure 1-1

qui s'oppose à la précédente) n'est pas autre chose, en somme, que la poussée d'Archimède. Cette poussée tend à fracturer les roches sus-jacentes et si la fracture atteint la surface, ce qui entraîne une chute brutale de la contre pression externe ("dépressurisation"), les composants volatils forment alors des bulles de gaz (phase gazeuse), de plus en plus grosses. En conséquence, le magma gonfle dans des proportions considérables, il devient bouillonnant, écumeux, comme le champagne dans une bouteille dont on a fait sauter le bouchon. Ses gaz s'échappent avec violence dans l'atmosphère, ainsi qu'une partie du liquide du fait de son augmentation de volume.

Une éruption volcanique résulte donc de la détente brutale des gaz magmatiques (dégazage explosif) qui entraînent tumultueusement une fraction de la phase liquide, en la faisant gicler ou déborder. La ***lave***, au sens strict, peut être définie comme un magma qui a perdu la majorité de ses gaz. A peine venue au jour, la lave commence à se refroidir et se solidifie pour parvenir à l'état de *roche volcanique*. On notera que les roches volcaniques sont encore appelées " laves " par les spécialistes, qui ne font pas de différence entre le solide et le liquide de même composition chimique.

Les magmas renferment presque toujours les mêmes éléments " majeurs ". Ce sont, par ordre d'abondance décroissante : oxygène, silicium, aluminium, fer, calcium,magnésium, sodium, potassium et titane. Cependant les proportions relatives de ces éléments varient et caractérisent la diversité des magmas. En particulier la quantité plus ou moins grande de leurs constituants principaux, silicium et oxygène exprimés sous forme de silice SiO_2, joue un rôle prépondérant dans leur comportement. Si un magma est ***basique***, c'est-à-dire relativement pauvre en silice (40 à 50%), il est émis aux températures les plus élevées possibles (1200 à 1100 °C) et a tendance à se comporter comme un vrai liquide : il ne s'oppose pas au départ des gaz qui le font jaillir en fontaines de feu et s'épancher en coulées rougeoyantes, semblables à des rivières de bitume embrasé. On parle d'***éruptions effusives*** car les ***coulées de lave*** en constituent le produit le plus abondant. Ce genre d'activité concerne surtout les *basaltes* qui, une fois refroidis, sont des roches de couleur sombre, essentiellement composées des minéraux pyroxène, olivine et plagioclase (voir chapitre 3).

A l'opposé, les magmas dits ***acides***, riches en silice (60 à 75 %), sont moins chauds (900 à 800 °C, parfois moins encore) et ont une consistance épaisse, visqueuse. Les bulles de gaz ne peuvent s'en dégager qu'après avoir atteint une forte surpression (= pression 3 dans le schéma ci-contre). Cette troisième sorte de pression est la plus évidente car elle caractérise la violence de l'éruption. Et en effet, dans le cas des magmas acides, de puissantes explosions projettent dans les airs des fragments plus ou moins gros de liquide et/ou le pulvérisent en fines poussières volcaniques. Dans ces ***éruptions explosives***, la force d'expansion des gaz est souvent telle que la totalité du magma est " soufflée " sous forme de projections ou produits ***pyroclastiques*** : il n'y a donc pas de coulées de lave. Lorsque celles-ci existent, elles sont en général épaisses et courtes, ou bien elles s'accumulent sur place, passant ainsi à un ***dôme*** où la matière en fusion disparaît sous une épaisse carapace solide de refroidissement superficiel.

Entre les deux compositions extrêmes de magmas évoquées ci-dessus existent tous les intermédiaires possibles et donc toutes sortes d'éruptions où l'importance des coulées et des projections varie de façon antithétique. Toutefois, dans le dynamisme d'une éruption, interviennent bien d'autres facteurs : quantité de composants volatils initialement présents dans le magma (plus un magma est riche en gaz, plus il est explosif, quelle que soit sa viscosité), température au moment de l'émission (plus celle-ci est élevée, plus le magma est fluide, quelle que soit sa composition chimique), vaporisation possible des nappes d'eau phréatique imprégnant les terrains superficiels, ou de l'eau de mer si l'éruption a lieu à une certaine distance de la côte, etc.

Dôme en cours de croissance et colonne de cendres, s'effondrant en nuées ardentes ou coulées pyroclastiques (à gauche), Soufrière de Montserrat. Le magma est une andésite acide à 60% de silice.

Les éruptions de Montserrat ont construit, par les apports de coulées pyroclastiques, deux nouveaux deltas de matériaux à l'est et au sud-ouest de l'île. Le dôme de Soufriere Hills est caché par les nuages.

Produits des éruptions et "volcans".

Une fois refroidies et pétrifiées, les ***coulées de lave*** constituent une roche dure, massive, sauf en superficie où elles sont figées si rapidement que des bulles de gaz restent incluses dans le solide et lui donnent un aspect déchiqueté, scoriacé. Nous reviendrons plus loin (chapitre 2) sur la mise en place et la morphologie de ces objets si particuliers du volcanisme.

Les produits ***pyroclastiques*** (étymologiquement " brisés par le feu ") ou ***pyroclastes***, ou encore ***téphra*** ou ***éjecta***, qui proviennent de la projection dans l'atmosphère de magma fragmenté par la détente gazeuse, ont reçu différents noms selon leur taille et leur morphologie. Les ***lambeaux de lave***, parfois plus gros qu'une voiture, retombent en partie liquides et incandescents. Ce sont eux qui, vus de loin, donnent l'impression de flammes. Ils constituent des ***bombes*** s'ils ont acquis une forme particulière : en fuseau (suite à un mouvement de rotation), en poire, etc. Ces formes qui font le bonheur des collectionneurs sont d'ailleurs assez rares et les bombes simplement arrondies, ou écrasées “en bouse de vache”, représentent la règle générale. Les bombes “en croûte de pain”, crevassées, craquelées, caractérisent les magmas visqueux ; leur centre est rempli de bulles de gaz qui gonflent lors de la décompression successive à l'explosion et font éclater l'enveloppe déjà solide. Les ***scories*** à contour déchiqueté, criblées de vacuoles, sont des portions d'écumes de magma figées pendant leur trajet aérien. Les ***ponces***, surtout représentées dans les magmas visqueux, correspondent à des scories qui ont emprisonné une grande quantité de petites bulles ; elles sont souvent assez légères pour flotter sur l'eau. Les ***cheveux de Pélé***, minces filaments étirés de couleur blonde, proviennent des fontaines d'une lave très fluide : attention à ne pas confondre Pélé, déesse des volcans hawaiiens, avec la Montagne Pelée des Antilles ! Sous forte pression de gaz, le magma peut être pulvérisé en fines gouttelettes qui, au contact de l'air, se solidifient aussitôt pour donner des sables (= ***lapilli***) et des poussières, improprement dénommées ***cendres*** volcaniques. Cendres et lapilli, avec le temps, finissent par s'agglomérer en ***tufs*** plus ou moins cohérents et compacts. Enfin, des ***blocs***** de lave ancienne, à contours anguleux, sont fracassés par les explosions et mélangés à des poussières fines (cendres) provenant de leur broyage lors de l'éjection. Ces derniers matériaux sont les seuls émis à l'état solide ; ils peuvent manquer et beaucoup d'éruptions, en réalité, ne produisent que des liquides et des gaz.

Lorsque les explosions se succèdent à brefs intervalles et tendent à se fondre en un jet continu, les scories, ponces et cendres sont expulsées en quantité prodigieuse. Mélangées aux tourbillons de gaz en expansion, elles forment une imposante colonne de “fumée”, caractéristique des grands paroxysmes. On appelle ***colonne plinienne*** ce phénomène qui, tel un champignon atomique, jaillit à plusieurs dizaines de kilomètres d'altitude, puis s'étale en ombrelle sur toute une région, faisant pleuvoir ponces et cendres au point de les accumuler sur plusieurs mètres d'épaisseur en quelques heures (= ***retombées pliniennes***, où les couches successives de matériaux sont d'une taille homogène). Ces noms proviennent du fameux naturaliste latin Pline l'Ancien, qui périt dans l'éruption non moins célèbre du Vésuve en l'an 79, et dont les

* ou blocs lithiques (= “de pierre”).

observations nous ont été transmises par son neveu Pline le Jeune dans ses *lettres*. Il s'agit là, sans aucun doute, des plus anciens documents dignes de rivaliser avec la volcanologie moderne. Des colonnes pliniennes ont été observées au Mont St. Helens, près de la côte pacifique des Etats-Unis (18 mai 1980) et au Pinatubo aux Philippines (15 juin 1991), qui ont atteint des altitudes respectives de 25 et 40 km. Celles du Tambora (1815) et du Krakatau (1883), en Indonésie, ont avoisiné les 50 km.

Si la quantité de projections en suspension dans les gaz est trop importante, la colonne éruptive devient plus lourde que l'air ambiant et s'effondre en ***nuées ardentes*** ou ***coulées pyroclastiques*** (= "coulées de produits de projections" ou encore ***courants de densité***). On peut comparer une nuée ardente à une sorte d'énorme avalanche où la neige serait remplacée par de la poussière et des débris rocheux à plusieurs centaines de degrés. Le tout est excessivement mobile, parce que véhiculé par les gaz brûlants, et dévale les pentes à des vitesses pouvant atteindre plusieurs centaines de km/h, constituant l'un des plus puissants agents de destruction naturels. Au Pinatubo les nuées ardentes se sont répandues dans les vallées s'irradiant autour du sommet jusqu'à des distances d'une quinzaine de kilomètres. Dans les grands cataclysmes géologiques (par exemple Taupo, Nouvelle Zélande), ces mêmes coulées pyroclastiques ont pu parcourir plus de 300 km, anéantissant toute vie sur leur passage, comblant les dépressions, modifiant de fond en comble le paysage.

Une autre cause classique de production de nuées ardentes réside dans l'écroulement de pans entiers d'un ***dôme*** de lave visqueuse grossissant au sommet du volcan, voire à des explosions dirigées plus ou moins horizontalement dans la zone de moindre résistance. Les parois du dôme, en s'écroulant, explosent à leur tour et se fragmentent en morceaux de plus en plus petits, libérant les gaz et dégageant des quantités importantes de cendres. Ce mécanisme a été bien observé au Mont Unzen (Japon), de 1991 à 1993, et à la Soufrière de Montserrat (Antilles) où l'on a mesuré en 1997 des vitesses voisines de 300 km/h. A la Montagne Pelée, en 1902, la nuée ardente fut projetée obliquement dans la direction de Saint-Pierre, qu'elle atteignit en moins d'une minute : dans la ville elle-même il n'y eut que deux survivants, dont un prisonnier protégé par les murs épais du cachot où il avait été enfermé.

Bombe basaltique fuselée, Haleakala, Hawaii.

Bombe "en croûte de pain", produite par un magma acide (Vulcano, Iles Eoliennes, Italie).

Les dépôts de coulées pyroclastiques après leur mise en place sont constitués par de la cendre fine emballant des ponces et souvent des blocs de lave massive arrachés aux parois du conduit éruptif ou provenant des parties déjà solidifiées du dôme. Ils ressemblent aux tufs précédemment décrits, avec cette différence que leur origine est ici primaire, c'est-à-dire que le caractère plus ou moins cohérent, induré, est acquis dès leur mise en place à haute température. Lorsque ces dépôts sont très importants et forment de véritables nappes sur plusieurs dizaines de mètres d'épaisseur, on les nomme ***ignimbrites*** (du latin *ignis*, feu, et *imber*, pluie, car on croyait autrefois qu'ils étaient l'œuvre de " pluies de feu ", ou chutes de matériaux incandescents). Signalons enfin les ***avalanches de débris***, qui se produisent lorsqu'un des flancs du volcan s'écroule de façon catastrophique, soit sous son propre poids (Bandaï San, Japon, 1888), soit sous la poussée interne du magma (cas du Mont St. Helens en 1980). Le phénomène qui accompagne leur mise en place ressemble aux nuées ardentes, avec cette différence que les dépôts sont ici constitués essentiellement, et parfois uniquement, par des débris du vieux sol.

Les produits pyroclastiques et, s'il y en a, les coulées de lave s'entassent pour une bonne part à proximité immédiate de l'orifice de sortie, en construisant un monticule ou colline de forme caractéristique, le ***cône volcanique***. Ce cône représente la partie la plus évidente du *volcan*, au sens populaire du terme. Ce n'est rien d'autre que le relief dû à l'accumulation progressive, sur place, des matières de l'activité éruptive. De par son origine, sa forme régulière et sa localisation souvent isolée, il n'a rien de commun avec les montagnes ordinaires de plissement dont la morphologie, au contraire, résulte de l'action destructrice de l'érosion.

Carrières de ponces à Lipari, Iles Eoliennes.

Volcans simples et volcans composites.

Les volcans les plus simples, comme la plupart des puys d'Auvergne ou le fameux Paricutin, qui apparut en 1943 dans un champ de maïs du Mexique, sont des ***cônes de scories*** de quelques dizaines ou centaines de mètres au-dessus de leur base. Ils ne résultent que d'une seule éruption, ou du moins d'une seule période éruptive ; ensuite, la terre s'est ouverte en un autre endroit, produisant un autre cône semblable. Si le volcanisme devait se manifester à nouveau dans cette région, on assisterait à la naissance d'un nouveau puy. En jargon spécialisé, on appelle ce genre de volcan " ***monogénique*** ".

Cependant, au sens général, un volcan est l'édifice ***polygénique*** formé par de nombreuses éruptions. Il est susceptible de réveils alternant avec des périodes d'inactivité, ou d'activité très réduite ne se manifestant que par quelques fumerolles, des sources chaudes, etc. Il vit et se développe pendant des dizaines ou des centaines de milliers d'années. Ainsi se constitue peu à peu une véritable montagne, bien que toujours nettement individualisée, même si elle fait partie d'un ensemble. Tout le monde connaît la silhouette si particulière du Vésuve, qui domine de ses 1281 m le magnifique golfe de Naples, pour un diamètre de base d'une douzaine de kilomètres. Le grand cône du Vésuve proprement dit est entouré au nord et à l'est par un rempart semi-circulaire, le mont Somma (1132 m), qui représente les restes d'un cône plus ancien (structure en ***cônes emboîtés***). Toujours en Italie méridionale, l'Etna constitue le plus haut volcan actif d'Europe, avec ses 3321 m d'altitude et quelque 135 km de tour, encore qu'il repose sur un soubassement sédimentaire s'élevant par endroits à mille mètres environ. Plus trompeuse encore est l'altitude du géant mexicain, le Popocatepetl (5452 m), érigé sur un haut plateau atteignant déjà près de trois mille mètres. Inversement, au milieu du Pacifique, le Mauna Loa culmine à 4170 m dans l'île d'Hawaii, dont les pentes se prolongent sous l'océan par des fonds d'environ six mille mètres : sa hauteur totale surpasse donc, en réalité, celle de l'Everest... On voit les précautions qu'il faut prendre pour évaluer l'importance d'un massif volcanique, son altitude absolue étant souvent assez éloignée de sa hauteur réelle. Ces altitudes, enfin, sont susceptibles de varier à tout moment en fonction de l'activité éruptive. Celle de l'Etna, mesurée en 1994, s'est sans doute déjà modifiée.

Les formes de ces grands ***volcans composites***, comme on les appelle encore, dépendent du type d'éruption le plus fréquent et donc, en premier lieu, de la composition du magma. L'empilement de coulées basaltiques fluides construit de larges cônes surbaissés ou ***volcans-boucliers***. Le Mauna Loa, son ancêtre le Mauna Kea et son cadet le Kilauea en sont de bons exemples. Au contraire, si les projections pyroclastiques et les dômes de lave visqueuse prédominent, les reliefs sont plus accentués et leur pente se rapproche de celle acquise par un tas de sable. C'est aussi le cas des ***strato-volcans*** où alternent coulées de lave et pyroclastes (Vésuve, Popocatepetl, et la plupart des volcans *centraux* définis page 27).

Cratères, bouches et conduits éruptifs, caldeiras.

Le cratère est l'ouverture par laquelle sortent la majorité des produits contribuant à édifier le volcan. C'est un orifice de forme caractéristique (entonnoir plus ou moins évasé, mais aussi puits, chaudron, coupe...) dont le diamètre va de quelques dizaines à plusieurs centaines de mètres, et qui occupe en général le sommet d'un cône éruptif, ce dernier constituant la partie supérieure, ou terminale, du massif volcanique.

Le ***cratère principal***, à l'inverse des bouches secondaires qui parfois s'ouvrent sur les flancs et dont l'activité n'est que temporaire, possède un certain caractère de permanence : c'est pourquoi il est situé au sommet, ou du moins vers le centre du volcan (***cratère central***). Il est toujours susceptible de reprendre son activité, même après un repos de plusieurs siècles. Comme les centres des éruptions successives ne coïncident pas toujours exactement, le cratère central acquiert souvent une morphologie complexe à cause de la superposition et/ou la juxtaposition de différentes ouvertures. Le cratère peut donc être défini comme la trace laissée par la dernière phase éruptive tant soit peu importante. Ainsi, l'éruption du Vésuve en mars 1944 a creusé une sorte d'immense chaudron de 600 m de diamètre et quelque 300 m de profondeur. Au Vulcano, dans les îles Eoliennes, le cratère de 1888-90 ressemble à un large entonnoir au fond presque plat, parce que rempli de cendres ravinées sur les parois internes par les eaux de pluie. Au Stromboli, on observe trois groupes de bouches de quelques mètres ou dizaines de mètres, dans une enceinte en fer à cheval qui ne ressemble guère à l'image classique d'un cratère.

Cône de scories monogénique du Paricutin, Mexique, au milieu des coulées qu'il a émises.

Le Mayon, dans l'est des Philippines, est un strato-volcan composite à pentes raides, surtout formé de produits de projections.

Volcan-bouclier du Mauna Loa, Hawaii, constitué presque uniquement de coulées de lave fluide. Son profil est " surbaissé " comme celui de son ancêtre, le Mauna Kea, que l'on aperçoit au fond.

Les ***bouches éruptives*** correspondent, d'une façon plus générale, aux ouvertures livrant passage à n'importe quel genre d'activité volcanique, sans implication de forme ou de dimension quelconques. Le long d'une fissure, par exemple (voir plus loin, volcanisme fissural), les bouches sont les endroits d'où s'échappent préférentiellement les gaz et les produits pyroclastiques (*bouches explosives*), ou bien les points d'émergence des coulées de lave (*bouches effusives*). Ces ouvertures, qui ne correspondent parfois pas même à des élargissements de la fente éruptive, peuvent n'avoir que quelques centimètres de diamètre. Mais on emploie aussi le terme de bouche pour désigner un cratère, surtout si celui-ci ne présente pas de forme caractéristique.

Le cratère central d'un volcan doit sa pérennité à ce qu'il constitue la partie supérieure du ***conduit éruptif***, par où monte le magma depuis les profondeurs, et qu'on appelle aussi "cheminée". Là encore, cette dénomination est impropre, tant en raison de la fonction à laquelle elle fait penser (acheminant feu, flammes, fumée...) que par la section cylindrique qu'elle suggère. En effet, si le cratère ressemble le plus souvent à un gigantesque puits ou entonnoir, il faut considérer que cette forme est avant tout superficielle : elle résulte des explosions dues à l'expansion des gaz. Plus bas, dans l'édifice volcanique ainsi que dans la croûte terrestre, l'espace rempli par le magma doit avoir l'allure d'un mur ou filon vertical (***dyke***), ou plutôt d'un système complexe de dykes entrecroisés, ménageant des volumes à contours irréguliers et tortueux.

Une ***caldeira***, ou *caldera*, est un cratère de très grand diamètre, supérieur au kilomètre, et de ce fait plus large que profond. La plupart des caldeiras résultent de la vidange brutale d'un important volume de magma jusque là stocké à un niveau très superficiel sous le cratère, ce qui provoque l'effondrement du volcan par manque de soutien. De telles structures sont en effet associées à des éruptions cataclysmiques de magmas acides totalisant parfois des centaines ou des milliers de km^3 (1 km^3 correspond à une couche de 10 m d'épaisseur répandue sur une surface de 100 km^2, soit environ celle de la ville de Paris ; *mille* km^3 représenteraient une couche de *dix kilomètres*). L'une des plus belles caldeiras est celle du Tambora (Indonésie), formée en 1815 après que 150 km^3 de pyroclastes aient été éjectés en moins de trois jours : elle mesure 6 km de diamètre et 800 à 1200 m de profondeur selon l'altitude variable de ses rebords. Dans l'immense dépression ainsi formée, l'accumulation de fines poussières volcaniques, rapidement altérées en argiles, constitue souvent un substratum imperméable qui retient les eaux d'un lac : c'est le cas du Crater Lake dans l'ouest des Etats-Unis, du lac Taal aux Philippines ou du lac Toba dans l'île de Sumatra. Cette dernière caldeira, de 100 km de long sur 30 de large, est la plus grande que l'on connaisse sur le globe terrestre.

Depuis l'éruption du Mont St. Helens (1980), on utilise le terme ***caldeira d'avalanche*** pour désigner une vaste dépression en fer à cheval consécutive à l'écroulement d'un des flancs du volcan. Un tel événement est surtout possible si la pente est forte (instabilité de flanc) et s'il existe une couche de lubrifiant (argiles imprégnées d'eau) à l'intérieur de l'édifice.

Les caldeiras de certains volcans basaltiques (Mauna Loa et Kilauea, Hawaii) ne semblent toutefois pas l'oeuvre de cataclysmes. Elles se formeraient de façon progressive, sans doute par variation de volume d'un réservoir magmatique superficiel, selon la fréquence et l'importance du soutirage de magma par les éruptions *latérales*, qui ont lieu sur les flancs loin du cratère central.

Réservoirs ou chambres magmatiques.

Ces ***réservoirs***, ou ***chambres magmatiques***, ont pu être mis en évidence par les anomalies de propagation des ondes sismiques, ou vibrations du sol causées par les tremblements de terre. Ainsi le Kilauea possède un réservoir, ou plutôt un complexe de réservoirs interconnectés, d'environ 4 km de diamètre et situé entre 3 et 7 km en dessous du sommet. Ce volume, du reste, n'est pas en totalité rempli de liquide : il délimite un système de dykes "actifs", effectivement constitués par du magma en fusion, ménageant entre eux des pans de roche solide. D'autres réservoirs ont été révélés à la suite d'études approfondies effectuées à l'occasion des grandes éruptions récentes : au Mont St. Helens entre 7 et 15 km de profondeur, au Pinatubo en dessous de 6 km, à l'Hékla (Islande) entre

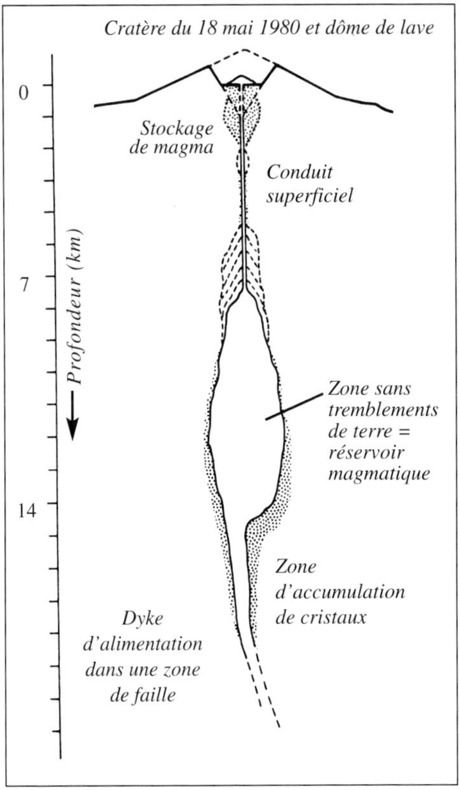

Figure 1-2

Réservoir magmatique du Mont St. Helens

Bouches éruptives du Stromboli (Iles Eoliennes). Attention ! Les explosions sont irrégulières et il est dangereux de s'aventurer au bord.

7 et 9 km. On a longtemps cru que le Vésuve possédait une chambre très superficielle (3-4 km) car les produits de 79 témoignent d'équilibres minéralogiques à ce niveau; mais cette chambre a été en grande partie vidangée par l'éruption, ce qui, outre la formation d'une caldeira, a provoqué un affaissement de plusieurs mètres de la base du volcan (une partie des ruines d'Herculanum se trouve aujourd'hui en dessous du niveau de la mer). Une récente prospection sismique semble avoir détecté un toit magmatique important à - 10 km, peut-être surmonté d'un petit volume dont la présence est difficile à confirmer dans l'état actuel de l'art.

Les réservoirs sont sans doute plus fréquents et importants à grande profondeur, mais leur mise en évidence, leurs formes et leurs dimensions restent alors assez hypothétiques. Un grand nombre de faits conduisent à admettre l'existence, sous l'Etna, d'un réservoir de 150 à 300 km^3 vers 20 km de profondeur, qui alimente l'activité profuse de ce volcan.

Il ne faudrait pas croire que les chambres magmatiques apparaissent comme par enchantement, se remplissent et se vident au gré des éruptions. Toutes les lois de la mécanique s'opposent à une telle vision. Ces structures font partie intégrante de l'évolution géologique de la région, elles se développent lentement et se mettent en place sur des périodes d'une durée de l'ordre du millier ou de la dizaine de milliers d'années. Seule leur partie supérieure est susceptible d'évoluer brutalement, mais cela provoque alors la destruction de l'édifice volcanique et la formation d'une caldeira. Dans beaucoup de volcans, d'ailleurs, l'origine des réservoirs est à rechercher dans l'évolution même de la planète, dans les modifications qui accompagnent les mouvements du manteau terrestre. Nous aurons l'occasion d'y revenir plus loin.

Caldeira du Tambora (Indonésie), immense cuvette de 6 km de diamètre formée en 1815 par la plus puissante des éruptions historiques.

Après ces quelques nécessaires précisions, nous sommes en mesure d'apporter une réponse beaucoup plus satisfaisante à la question posée au début de ce chapitre. ***Un volcan**, pour le géologue, **c'est l'ensemble formé par le cône éruptif et son système d'alimentation**, parfois même son réservoir profond.*

Volcanisme fissural, ou "de rift". Volcans centraux.

Cette nouvelle définition est d'autant mieux venue qu'un certain type de volcanisme, et non le moindre, ne forme pas de " montagne ". Il s'agit des puissants épanchements de coulées ou plutôt de nappes de basaltes tels qu'on a pu en observer en Islande. Ceux-ci sont émis par de vastes réseaux de fissures parallèles qui s'alignent sur des dizaines, voire des centaines de kilomètres. Le milieu d'une coupe perpendiculaire à ces alignements constitue la zone la plus active et dessine ce qu'on appelle un ***rift***, ou grand fossé d'effondrement délimité par des failles. Rappelons qu'une ***faille*** est un plan de cassure, qui sépare deux blocs de terrain coulissant l'un par rapport à l'autre, soit verticalement, soit horizontalement, soit encore par une combinaison de ces deux mouvements (le décalage est appelé *rejet*). Le terme de faille est couramment utilisé à tort pour désigner une simple fracture ou fissure, éruptive ou non, qui ne présente pas de rejet notable.

Dans les grands rifts, les éruptions éclatent ça et là les unes après les autres, sur toute leur longueur, sans aucun centre privilégié. La grande fluidité de la lave lui permet de s'étaler sur d'immenses surfaces ; en contre partie il y a très peu de projections et les petits cônes ou ***remparts de scories soudées***, qui jalonnent les points de sortie, sont vite effacés par l'action de l'érosion. Le genre d'éruption et l'absence de concentration de ce ***volcanisme fissural*** font qu'il n'édifie aucun relief de dimensions appréciables. L'exemple classique est celui du Laki en Islande (1783), où une centaine de bouches alignées sur une fissure de 27 km vomirent en quelques mois 14 km^3 de coulées basaltiques. C'est là l'éruption effusive la plus considérable des temps modernes, et son volume représenterait une couche atteignant le deuxième étage de la Tour Eiffel, si on la répandait sur la surface de Paris.

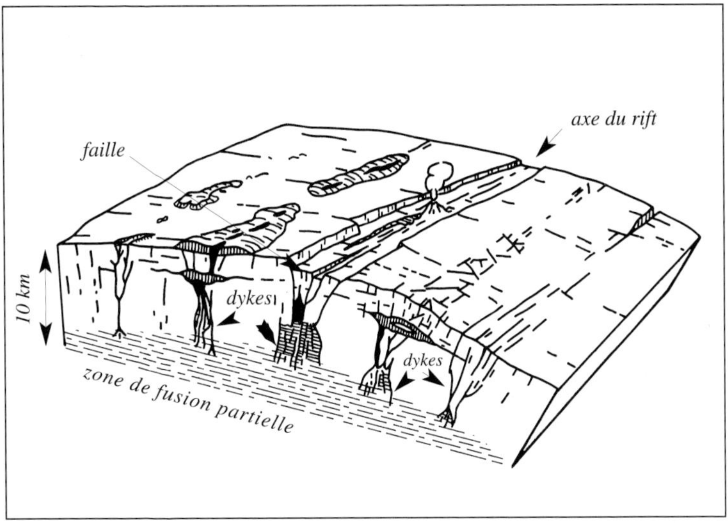

Figure 1-3
Volcanisme fissural

Des phénomènes analogues se produisent au fond des mers, le long des ***rifts océaniques***, sur une longueur totale dépassant 60 000 km. L'Islande représente d'ailleurs une partie exceptionnellement émergée du rift médio-atlantique. Nous verrons plus loin comment le volcanisme de rift est à l'origine même des océans, dont il fabrique continuellement le plancher... L'accumulation des laves de part et d'autre des fissures émissives conduit, il est vrai, à la surrection de ***rides*** ou ***dorsales***, qui ont parfois été qualifiées de " chaînes de montagnes sous la mer ". Ces structures linéaires, qui souvent ne dominent que de quelques centaines de mètres les fonds marins environnants, sont pourtant assez différentes des montagnes dans le sens commun du terme.

Enfin il est très probable que les ***inondations de basaltes*** qui, à plusieurs reprises dans l'histoire géologique du globe, ont recouvert des centaines de milliers de km^2 sur des milliers de mètres de puissance, se sont produites à partir de fissures disséminées sur une grande surface. En tout cas on ne constate sur le terrain que de gigantesques empilements de coulées, sans traces de cônes volcaniques. Les fameux ***Trapps*** du Dekkan (Inde), émis il y a quelque 65 millions d'années, excèdent le

Bouches et cônes éruptifs du Laki, Islande, alignés sur une fissure de 27 km de long.

Ces filons verticaux, ou dykes, de lave maintenant solidifiée et mise à nu par l'érosion, ont alimenté jadis une éruption fissurale de l'Etna.

million de km^3 : ils recouvriraient la France entière sur une épaisseur de deux kilomètres. Bien que de nature basaltique et peu explosives en principe, ces éruptions véritablement colossales, par les volumes énormes de magmas mis en jeu et donc de gaz répandus dans l'atmosphère, ont pu modifier de façon durable le climat de la planète et provoquer des bouleversements dans son environnement. On discute encore pour savoir le rôle qu'ont pu jouer les basaltes du Dekkan dans la disparition des dinosaures, à la fin de l'ère secondaire...

Où sont ici les volcans ? Partout et nulle part, puisque chaque éruption se produit par l'ouverture d'une nouvelle fissure. Et, de fait, les spécialistes opposent les ***éruptions fissurales***, ou encore ***linéaires***, au ***volcan central*** défini plus haut, c'est-à-dire la montagne conique résultant de la concentration en un même lieu de nombreuses phases éruptives.

Cônes et dômes de la Chaîne des Puys, volcans les plus récents de la France métropolitaine : ce cadre magnifique est propice au sport et au tourisme.

Volcan actif et volcan éteint. Nombre des volcans dans le monde.

La naissance d'un grand volcan central, comme d'ailleurs celle d'un rift, échappe à l'échelle de temps humaine. Comment savoir si telle éruption sera suivie d'une autre au même endroit, de dizaines d'autres, de centaines d'autres ? C'est pourquoi la classique "naissance" du Paricutin (Mexique, 1943), citée dans presque tous les ouvrages élémentaires de géologie, ne constitue pas le meilleur exemple : un nouveau grand volcan, le Paricutin ? Non point, mais plutôt une éruption de plus dans une région fracturée, crevassée, et qui compte alentour des milliers de cônes de scories semblables.

On considère comme ***volcan actif*** un ensemble structural qui est susceptible de produire des éruptions futures même s'il n'est le siège d'aucune manifestation volcanique, et sombre dans un repos si complet qu'il peut être envahi par la végétation. Un ***volcan en activité***, quant à lui, présente à l'époque considérée des signes d'agitation, qu'il soit en éruption violente ou simplement le siège de phénomènes modérés : gaz, fumerolles, voire petites explosions et coulées limitées aux environs immédiats du cratère. Ces manifestations se prolongent quelquefois pendant des dizaines ou des centaines d'années, presque sans interruption (Stromboli, Etna).

Si l'acte de naissance d'un volcan est bien difficile à établir, il est tout aussi hasardeux de signer son acte de décès. Disons qu'un volcan a d'autant moins de chances de réveil que long est l'intervalle de temps qui le sépare de sa dernière éruption (ceci est un peu une lapalissade), et qu'il se trouve dans un état d'érosion avancé. Mais cette règle n'a pourtant rien d'absolu et la vie des volcans hawaiiens, par exemple, comporte des phases "post-érosion". Il faut aussi prendre en compte le contexte général et le type d'appareil volcanique. Les Puys d'Auvergne sont-ils éteints ? Pour ce qui est des cônes déjà existants, on peut être tranquille, ceux-là ne renaîtront jamais de leurs cendres. Par contre, il n'est pas impossible qu'une nouvelle éruption ait lieu dans la région, vu que les dernières manifestations magmatiques y datent seulement de quelques milliers d'années - une bagatelle comparée aux cent mille ans durant lesquels s'est édifiée la chaîne. Un tel événement ne serait pas obligatoirement catastrophique. Il y a une forte probabilité pour qu'on assiste à l'édification d'un nouveau cône de scories, avec une coulée de lave localisée. Quelle aubaine pour le tourisme local, et quelle gloire pour les géologues clermontois ! Mais ne rêvons pas trop : il s'écoulera peut-être des millions d'années avant que se renouvelle le volcanisme dans cette partie du monde, si jamais il recommence un jour.

Ces échelles de temps sont sans commune mesure avec celles de la vie humaine, voire celles de l'histoire de tout un peuple, de sorte que le terme de ***volcan éteint*** doit être banni de notre vocabulaire. Presque tous les grands drames humains du volcanisme ont été l'œuvre de cratères réputés prématurément éteints. Le Vésuve passait pour éteint avant d'ensevelir Herculanum et Pompéi, comme l'était le Tambora avant de délivrer la plus puissante éruption des temps historiques ; et les habitants voisins du Krakatau pensaient si peu à lui, en 1883, qu'ils attribuèrent d'abord son réveil à l'un des nombreux autres cônes éruptifs de Java. L'idée que la Montagne Pelée se trouvait dans un état décadent, incapable d'éruption violente, fut l'une des causes de la catastrophe de Saint-Pierre. Le Pinatubo lui-même, avant son éruption de 1991, ne figurait pas dans le catalogue international des volcans actifs (il était néanmoins connu de nos collègues philippins).

Ces quelques dissertations autour du thème de "volcan" permettent d'éluder une question embarrassante, celle du nombre des volcans actifs. Pendant longtemps celui-ci, variable selon les auteurs, a plafonné autour de quelques centaines car on se limitait alors à la période historique, pour bien des pays inférieure à deux ou trois siècles. En adoptant une fenêtre temporelle plus large, celle des derniers dix mille ans, les volcanologistes de la Smithsonian Institution (Washington, U.S.A.) sont arrivés à répertorier 1511 volcans récents. Et cela sans tenir compte des dorsales océaniques, dont on a vu qu'elles ne présentent pas de centres volcaniques individualisés, mais qui produisent néanmoins les trois quarts des laves dans le monde. Cette comptabilité du nombre des volcans est donc en réalité un faux problème, sans solution et d'ailleurs sans intérêt.

La plupart des volcans jalonnent les grandes lignes de cassure de l'écorce terrestre en relation avec les mouvements de matière qui animent l'intérieur du globe (ch. 4). Les volcans ne sont pas des "soupapes de sécurité" d'une planète risquant d'exploser, comme le pensaient les géologues d'il y a deux cents ans. Beaucoup de magmas se solidifient lentement en profondeur, s'il n'y a pas cassure et décompression de la croûte jusqu'à la surface.

Explosion du Stromboli. Les fragments de lave projetés ont imprimé leur trajectoire pendant la pose photographique.

CHAPITRE 2

DIVERSITÉ DE L'ACTIVITÉ ÉRUPTIVE

LE TERME d'***éruption***, comme celui de volcan, est difficile à définir. Il peut s'appliquer soit à une explosion isolée, ou à une série d'explosions, soit à l'ensemble des phénomènes caractérisant une phase éruptive, longue souvent de plusieurs années, mais bien encadrée par des périodes de repos. On a parfois proposé de considérer qu'il y a éruption si du magma neuf arrive en surface. Pourtant ni le grand public, ni même la plupart des spécialistes, ne considèrent comme une véritable éruption l'activité magmatique modérée qui se déroule de façon quasi continue au sommet du Stromboli ou de l'Etna. Inversement certaines explosions *phréatiques*, dues à la seule vaporisation des eaux d'imprégnation du sous-sol superficiel, peuvent être d'une grande violence, sans qu'arrive au jour du magma neuf. La meilleure définition d'une éruption pourrait être : "*augmentation brutale* de toute manifestation volcanique, qui attire particulièrement l'attention et occasionne souvent des dommages". En tout état de cause, dans ce chapitre, nous parlerons de façon plus générale d'activité éruptive, en essayant d'en montrer la grande diversité.

Activité volcanique persistante.

Certains volcans font preuve d'une activité est à peu près continue sur de longues périodes. Ce sont les fameuses "montagnes qui fument", comme le Vésuve de 1631 à 1944, ou actuellement le Stromboli et l'Etna. Pendant ces périodes d'activité persistante le magma reste à proximité de la surface terrestre ou même affleure au fond du cratère, sous une croûte noirâtre de refroidissement superficiel, sans cesse déchirée par les échappements gazeux qui projettent des lambeaux de lave, des scories et des cendres. Le spectacle est admirable, surtout la nuit : chaque détonation s'accompagne d'une gerbe d'étincelles énormes qui monte et s'épanouit jusqu'à 200 ou 300 m de haut, puis s'abat en grêle de feu sur les parois internes du gouffre et les pentes supérieures du cône. Ce genre de dynamisme est souvent appelé ***strombolien***, encore qu'il ne soit pas la seule manifestation du Stromboli qui, comme tous les grands volcans, connaît des types d'explosions variés.

Il arrive qu'une lave en grande partie dégazée se fasse jour de façon tranquille à travers les matériaux peu cohérents du cône, par une bouche effusive ressemblant à une source de feu liquide. On peut alors contempler de très près la matière brûlante et visqueuse qui glisse sur la pente avec un chuintement caractéristique. Ces petites coulées, en raison de leur faible largeur (1 à 2 m) et de leur vitesse réduite, se refroidissent et se figent au bout de quelques centaines de mètres. Le magma continuant d'affluer en amont produit alors une nouvelle coulée qui, se superposant à la précédente, ou la côtoyant, élargit et épaissit le champ de lave sans le faire beaucoup progresser en longueur. Cependant cette *activité effusive lente* se prolonge souvent pendant des années ; elle peut représenter des volumes non négligeables qui contribuent à surélever la région sommitale du volcan.

Assez exceptionnelle est la permanence, au fond de certains cratères, d'un ***lac de lave*** liquide, animé de remous et de mouvements variés. Même dans ce cas, pourtant, le magma en fusion est en majeure partie masqué par une “ peau ” sombre de refroidissement superficiel, et l'incandescence de l'intérieur ne se manifeste qu'à travers un réseau mobile de craquelures compliquées, ou à la faveur de jaillissements brutaux, les ***fontaines de lave*** ou fontaines de feu. Tel a été le cas du Kilauea pendant au moins un siècle : de 1823, date de sa découverte par les Européens, jusqu'à 1924, où l'ouverture d'une fissure latérale le fit disparaître. Depuis cette date ne se sont formés que des lacs de lave temporaires, comme pendant l'éruption commencée en 1983.

Les fontaines de lave les plus fortes se produisent toutefois par exacerbation de l'activité strombolienne : les explosions augmentent en fréquence et en intensité au point de se fondre bientôt en un jet continu. Les matières incandescentes forment alors une pyramide de feu pouvant dépasser 2 km de haut (Vésuve, 1906 ; Etna, 1787). La brusque augmentation de la quantité de gaz nécessaire pour dégager une telle puissance se trouve souvent dans la vaporisation des eaux de pluie imprégnant l'édifice volcanique (voir plus loin, *phréatomagmatisme*).

L'activité persistante est favorisée par une grande fluidité du magma, qui facilite son dégazage et lui permet de rester en libre communication avec l'atmosphère entre les explosions, qui souvent se succèdent au rythme de plusieurs par minute. Mais des volcans à magma visqueux connaissent aussi ce régime. C'est ce qui se passe depuis plusieurs décennies au Sakurajima (Japon), dont les puissantes détonations brisent presque chaque mois des vitres dans ses environs, ou encore au Semeru et au Merapi dans l'île de Java (Indonésie), à l'Arenal au Costa Rica et au Bezymianny du Kamtchatka. La différence réside dans la plus grande violence des explosions qui, en outre, sont généralement espacées par plusieurs minutes ou plusieurs heures, voire plusieurs jours. S'il y a émission de magma liquide, les coulées ne progressent que de quelques mètres par jour et, plus souvent, c'est un dôme ou une galette de lave qui grossit lentement à l'intérieur du cratère - galette fort respectable, dont le diamètre atteint souvent plusieurs centaines de mètres ! D'une façon très générale, que ce soit dans les magmas visqueux ou fluides, l'activité modérée permanente demeure exclusivement explosive, et il se pose alors le problème de son entretien en l'absence de production de magma neuf autrement qu'en faible quantité sous forme de scories et de cendres. Il est probable qu'elle résulte de la présence, près de la surface, d'un corps de magma volumineux où se produisent des mouvements de convection : montée de magma neuf, chargé d'éléments volatils, au centre, et descente de magma dégazé moins chaud, donc plus lourd, le long des parois du conduit.

Repos et éruptions. Explosions phréatiques ou magmatiques. Paroxysmes.

Dans la majorité des volcans, les éruptions sont séparées par des périodes de repos durant lesquelles s'exhalent tout au plus quelques vapeurs légères ou fumerolles. Toute trace d'activité peut même disparaître pendant des siècles. La montagne se couvre alors de végétation ou encore, dans les régions de latitude ou altitude élevées, laisse un glacier occuper son sommet, prenant ainsi l'aspect trompeur d'un " volcan éteint ". En état de quiescence, le fond du cratère est obstrué par des blocs rocheux ou scoriacés, des sables et des débris de toute sorte provenant de l'éboulement de ses parois.

Ces matériaux meubles n'opposent pas de grande résistance aux mouvements du magma sous-jacent et favorisent l'utilisation du même

Explosions phréatiques : remarquer l'abondance des fumées blanches (vapeur d'eau).

Fontaine de lave à l'Etna, incandescente en plein soleil.

Les coulées du Pu'u O'o (Kilauea), en se jetant dans l'océan Pacifique, y déclenchent de petites explosions phréatomagmatiques.

Lac de cratère d'explosion phréatique, ou maar, au Nicaragua.

conduit pour de nombreuses éruptions. L'image populaire du " bouchon de lave obstruant la cheminée " est fausse la plupart du temps.

Bien que des éruptions puissent éclater presque sans avertissement (Hékla 1991, Mayon 1993…), la remontée du magma se fait d'ordinaire lentement, en provoquant de légers tremblements dans toute la masse des terrains qui environnent le conduit. Les ***secousses séismiques*** demeurent dans leur majorité instrumentales, c'est-à-dire qu'elles ne sont détectées que par les séismographes, mais les plus fortes peuvent être ressenties par la population. Elles n'occasionnent toutefois que peu de dommages et la scène d'un grand tremblement de terre accompagnant le début d'une éruption, là encore très courante dans l'imagination du public, est en fait bien éloignée de la réalité. Plus subtiles sont les lentes ***déformations du sol*** et autres variations géophysiques (gravité, magnétisme, etc.) qui, en général, ne sont mises en évidence que grâce à des appareils sophistiqués. Les sources des environs, souvent, changent de régime, la qualité des eaux s'altère. Des bruits souterrains se font parfois entendre et, plus rarement, des émanations gazeuses diffusent à travers le sol poreux ou par des fissures, occasionnant parfois la mort d'êtres vivants (anhydride ou acide carboniques). Dans le cratère des éboulements peuvent avoir lieu, qui changent sa morphologie, l'activité des fumerolles et leur température s'accroissent. Ces ***signes d'agitation*** (anglais "unrest") ne vont pas toujours, ou pas tout de suite, jusqu'à l'éruption véritable ; ils peuvent diminuer peu à peu et le volcan retrouve alors son calme.

Dans le cas contraire, les premières manifestations éruptives sont en général modérées et ne projettent que de la vapeur d'eau et des cendres anciennes. Ce sont des ***explosions phréatiques*** dues à la vaporisation de l'eau d'imbibition imprégnant l'édifice volcanique, ou du lac pouvant occuper le cratère, ou de toute autre source d'humidité. On conçoit bien que la vapeur d'eau soit produite par la montée du magma qui s'injecte dans le sous-sol humide et c'est ainsi, en effet, que commencent la plupart des éruptions après un long repos (Montagne Pelée, 1902 ; Mont St. Helens, 1980 ; Pinatubo, 1991 ; Soufrière de Montserrat, 1995...). Mais une autre cause classique réside au contraire dans le retrait brutal du magma qui remplissait d'abord un conduit volcanique (Kilauea, 1924 ; Etna, septembre 1979) : les eaux d'infiltration peuvent alors envahir le conduit et, mélangées aux cendres qui l'obstruent, constituer un revêtement imperméable au fond du cratère à haute température ; la production rapide de vapeur aux dépens de ce mortier occasionne alors de violentes projections de cendres et de blocs anguleux de lave ancienne.

Certaines éruptions demeurent uniquement phréatiques, le meilleur exemple étant fourni par la Soufrière de Guadeloupe en 1976. Il ne faudrait pas en conclure pour autant que de telles éruptions ne sont pas dangereuses. En 1888, le Bandaï San, au Japon, fut éventré en quelques minutes par de violentes explosions. Bien qu'aucune trace de magma neuf n'ait pu être détectée, une quantité énorme de roches furent fracassées par la détente de la vapeur d'eau et ces débris ensevelirent près de 500 personnes. Il est possible, d'ailleurs, que cette explosion ne soit due en rien à l'activité volcanique proprement dite. On pense aujourd'hui qu'elle a résulté de l'écroulement d'un flanc du volcan devenu instable, ce qui aura entraîné la vaporisation brutale, par *décompression*, des eaux chaudes souterraines : une cocotte minute mal refroidie qu'on ouvre prématurément ! De même la violente éruption du Mont St. Helens, le 18 mai 1980, a été déclenchée par l'écroulement de son flanc nord et, bien que dans ce cas l'instabilité ait résulté de la poussée du magma sous-jacent, c'est la *dépressurisation* soudaine du système hydrothermal qui, au début du moins, a provoqué le ***souffle latéral*** (“ lateral blast ”), une sorte de nuée ardente humide qui a tout détruit jusqu'à 25 km de distance. L'essentiel des projections était alors constitué par les matériaux anciens de la partie écroulée du volcan.

La plupart du temps, cependant, le magma poursuit son ascension vers la surface. Des projections ***juvéniles***, constituées de lave nouvelle, apparaissent en proportion croissante dans le panache, lui-même de plus en plus chargé en gaz magmatiques (anhydride sulfureux ou SO_2, gaz carbonique CO_2, gaz acides, etc.), qui se mélangent à la vapeur d'eau toujours abondante : l'éruption est devenue ***phréatomagmatique***. L'influence des nappes d'eau imprégnant les couches superficielles du sol sur l'explosivité d'une éruption a été depuis longtemps reconnue, mais son importance n'a été mise en évidence que récemment. Les deux causes d'explosivité (haute teneur en gaz intrinsèque du magma *ou* héritée de l'incorporation d'eau phréatique) étaient autrefois confondues et on appelait ***vulcanien*** (de Vulcano, dans les îles Eoliennes) le type d'explosion qui en résultait : nuages sombres chargés de cendres, s'élevant en forme de champignons ou de choux-fleurs au-dessus du cratère.

Explosion vulcanienne de bombes et de cendres au Semeru, dans l'est de Java.

Chute de cendres pendant un paroxysme, Montserrat, 1997.

Coulées de boue volcanique ou lahars au Pinatubo.

Détresse des habitants dans les environs du Pinatubo : leur cadre de vie vient d'être anéanti par les lahars.

Les larges cratères plats, aux bords à peine marqués par un anneau de projections fines entremêlées de blocs (= *anneau de tufs*), qui ne sont pas liés à un édifice volcanique particulier mais au contraire disséminés un peu partout en pays volcanique, sont dus à des explosions phréatiques ou phréatomagmatiques. Une telle structure est appelée ***maar*** dans l'Eifel, où furent effectuées les premières études, et ce terme est passé dans le jargon volcanologique. Les maars résultent, en quelque sorte, d'éruptions où la totalité du magma a été pulvérisée par un excès de vapeur d'eau et projetée dans les airs sous forme de cendres et autres pyroclastes.

Le ***paroxysme*** représente le point culminant de la crise volcanique. Souvent synonyme d'éruption, ce terme a toutefois une valeur plus spécifique en ce qui concerne sa violence et sa courte durée : quelques minutes ou quelques heures, plus rarement quelques jours. Une éruption peut d'ailleurs être importante, si elle dure longtemps, sans présenter de paroxysme, ou encore passer par des alternatives de plusieurs paroxysmes, entrecoupés d'activité plus modérée. Souvent, un délai assez long s'écoule avant que la crise n'atteigne son paroxysme : sept semaines au Mont St. Helens en 1980, plus de deux mois au Pinatubo en 1991 et plus d'un an à la Soufrière de Montserrat. Mais certaines éruptions sont violentes et destructrices dès leur début. L'Arenal, au Costa Rica, s'éveillant d'un repos pluriséculaire en 1968, commença son activité par de fortes explosions qui tuèrent de nombreuses personnes. Il en a été probablement de même au Vésuve en 79 après J.C., lors de la célèbre éruption qui ensevelit Herculanum et Pompéi. On suppose, dans ce cas, que la forte explosivité initiale est due à l'accumulation préalable des éléments volatils dans la partie supérieure d'un réservoir magmatique superficiel. C'est alors que la colonne éruptive jaillit sous forte pression et atteint une grande hauteur, s'épanouissant dans la stratosphère en forme de pin parasol, comme l'a si bien décrit Pline le Jeune : "un nuage dont aucun arbre mieux que le pin n'exprimerait la ressemblance et la forme". On continue d'appeler ***colonne plinienne*** un tel panache éruptif de grande ampleur, qui implique un jet à peu près continu de gaz pendant au moins quelques dizaines de minutes et souvent plusieurs heures. Ce phénomène nécessite en effet un rapport gaz/projections élevé (sinon la colonne plinienne s'effondre, en partie ou en totalité, pour former des nuées ardentes ou coulées pyroclastiques). Il concerne surtout les magmas acides, mais aussi les basaltes dont la teneur en composants volatils est brusquement augmentée par le phréatomagmatisme. Les *retombées pliniennes* qui en résultent - chutes d'énormes quantités de ponces, scories légères et cendres fines - peuvent recouvrir de vastes étendues dans les régions situées sous les vents dominants. En altitude, les fines poussières et aérosols injectés dans la stratosphère s'étalent sur des pays entiers et parfois sur l'ensemble de la planète, modifiant le climat pendant des années : tels ont été les cas pour le Tambora en 1815, le Krakatau en 1883, El Chichón (Mexique) en 1982 ou le Pinatubo en 1991, pour ne citer que quelques-uns.

Plus redoutables encore sont les fameuses ***nuées ardentes*** ou ***coulées pyroclastiques***, qui anéantissent toute vie en quelques minutes sur des dizaines ou des centaines de km^2. Elles peuvent être définies comme des avalanches de produits pyroclastiques (ponces, blocs, scories, cendres fines) en suspension dans des gaz à haute température (surtout vapeur d'eau), et qui dévalent les pentes à très grande vitesse, jusqu'à plus de 500 km/h. Leurs différents types et les causes de leur production seront décrits un peu plus loin.

Dommages à l'environnement. Torrents boueux ou *lahars*. Raz-de-marée ou *tsunamis*. Durée des éruptions.

Une grande éruption cause à l'environnement des dommages considérables, ce qui rend tout d'abord la fuite difficile, sinon impossible. Par suite de l'amoncellement des cendres, les routes sont rendues impraticables à des voitures dont les moteurs, de toute façon, s'encrassent et s'étouffent au bout de quelques minutes dans une atmosphère regorgeant de poussières. Bientôt les toitures surchargées s'effondrent, les lignes électriques et téléphoniques se rompent, la visibilité devient nulle comme par une nuit d'épais brouillard, tout secours par voie aérienne est désormais inconcevable... Invisibles sur les radars des avions, les nuées de cendres représentent pour les pilotes un danger maximal par vol de nuit. Les vitres sont abrasées et opacifiées par les fines particules volcaniques, les moteurs baissent de régime ou même s'arrêtent car les pyroclastes, à basse température de fusion, se ramollissent et se collent comme une glu sur les ailettes des turbines. On cite souvent l'exemple de ce Boeing 747 pris dans un nuage éruptif du Galunggung (Java, 1982), et qui descendit pendant plus de dix minutes en vol plané, ses quatre moteurs en panne, avant de réussir in extremis la remise en route de trois d'entre eux pour un atterrissage d'urgence à Jakarta !

La région au nord du Mont St. Helens a été ravagée par les éruptions de 1980, y compris le Spirit Lake, au premier plan, encore encombré de milliers de troncs d'arbres.

Forêt dévastée par le "blast" (souffle latéral) du Mont St. Helens, le 18 mai 1980.

Ecole des Philippines presque entièrement ensevelie dans les lahars, à 30 km du sommet du Pinatubo.

A Pompéi, cette victime a été piégée dans l'écroulement du toit de sa maison, avant d'être brûlée par la nuée ardente du matin du 25 août 79 après J.C.

En d'autres cas les myriades de particules vomies par le cratère agissent comme noyaux de condensation de la vapeur d'eau atmosphérique : des orages d'une rare violence éclatent, des pluies torrentielles se déversent. Mélangées aux cendres et autres débris volcaniques, elles forment des fleuves de boue dévastateurs appelés ***lahars*** en Indonésie, où ils sont fréquents, étant aggravés et remaniés pendant des années par les pluies tropicales. Mais ces phénomènes se rencontrent dans toutes les grandes éruptions, en particulier celles du Vésuve où les Napolitains les nomment " lave di fango " (laves de boue), en opposition aux coulées de laves réelles, les "lave di fuoco". Des lahars se produisent encore par éjection d'un lac de cratère (un exemple classique est le Kelud à Java), ou par la fonte brutale des neiges et des glaces : le ***jökulhlaup*** islandais est une débâcle catastrophique liée à une éruption sous-glaciaire. Le même résultat s'obtient par l'action thermique et érosive de nuées ardentes *sur* un glacier : les 23 000 morts d'Armero (Colombie, 1985) sont imputables au lahar déclenché par la fonte des neiges du Nevado del Ruiz, à cause du déferlement de projections à haute température expulsées par une éruption pourtant bien modeste (0,05 km^3). La ville d'Armero se trouve à 45 km du sommet du volcan, et ni les autorités, ni la plupart des habitants ne pensaient qu'une destruction aussi totale pouvait intervenir à cette distance.

Les ***tsunamis*** (mot japonais) sont des raz-de-marée d'origine volcanique ou sismique, qui peuvent, là aussi, aggraver dans des proportions catastrophiques les éruptions se produisant en mer (îles volcaniques) ou à son voisinage immédiat. Bien que leur origine ne soit pas toujours facile à établir, ils sont dus dans la majorité des cas à l'entrée dans la mer de grosses nuées ardentes (coulées pyroclastiques), ou à l'écroulement d'un des flancs du volcan, ou encore à la formation d'une caldeira sous-marine. Ainsi le Krakatau, dominant de 830 m les eaux peu profondes du détroit de la Sonde, fut détruit aux deux tiers les 26 et 27 août 1883 par des explosions qui rejetèrent 20 km^3 de matériaux, principalement sous forme d'énormes coulées pyroclastiques. Les nuées ardentes associées à leur mise en place se propagèrent sous et sur la mer vers le nord-est jusqu'à 50 km de distance, et il en résulta une série de tsunamis dont le plus fort déferla en vagues géantes de 40 m sur les côtes voisines de Java et Sumatra, causant la majorité des 36 417 victimes dénombrées. Un tsunami de moindre ampleur eut lieu lors de l'écroulement d'un des flancs de l'Unzen au Japon, en 1792, mais il faut préciser que cet écroulement n'a pas été d'origine éruptive, bien qu'il fût peut-être initié par les secousses accompagnant l'éruption en cours cette année-là sur un autre versant. Certains tsunamis d'ailleurs, et non des moindres, peuvent être causés par des effondrements de grands édifices devenus instables sous la seule action de la gravité : on a relevé les traces d'un tsunami jusqu'à plus de 300 m d'altitude sur la côte d'une des îles Hawaii, en corrélation avec l'effondrement de la partie sous-marine d'un volcan voisin.

Quand, après une crise éruptive majeure, le soleil réussit enfin à percer l'écran des poussières, le paysage s'avère méconnaissable. Les vallées sont nivelées, des collines nouvelles apparaissent çà et là, formées par les amoncellements de produits de projection, la fine cendre blanchâtre recouvre toute chose, donnant l'impression, même sous les tropiques, d'un désert de neige. Toute culture est anéantie pour des années : la famine, les épidémies allongeront encore la liste des victimes... Il faut insister, toutefois, sur le fait que de tels cataclysmes sont rares. Pour une éruption meurtrière, il en est des centaines qui restent inoffensives et pour lesquelles les scènes de panique relèvent de la plus pure fantaisie. Les coulées de lave de l'Etna, même lorsqu'elles recouvrent des terres habitées, ne suscitent pas plus de terreur que les crues de la Seine à Paris. Et ces "volcans rouges", comme certains les appellent, sont pourtant les plus spectaculaires : peut-on comparer à l'éclat ardent du magma le brouillard nébuleux d'une chute de cendres ?

La ***durée des éruptions*** est très variable et l'on peut dire que cet élément d'information et de prévision, essentiel pour les populations inquiétées par le réveil d'un volcan, nous échappe à peu près totalement. Il ne faudrait surtout pas croire qu'une éruption volcanique représente toujours un événement bref. Si certains paroxysmes ne durent que quelques minutes ou quelques heures, les éruptions dans leur majorité se prolongent pendant des semaines ou des mois. En d'autres occasions, la réactivation d'un volcan resté longtemps assoupi se traduit par une *période éruptive* qui s'échelonne sur des années, voire des dizaines d'années, pendant lesquelles alternent des recrudescences d'intensité variée et des phases d'activité réduite. On passe insensiblement, par ce biais, au régime d'activité persistante évoqué plus haut.

Emissions de laves fluides par fissures. Progression d' une coulée.

Si le conduit est déjà ouvert, autrement dit si le volcan se trouve en activité persistante, les choses peuvent aller très vite. Le paroxysme est en général précédé par de petits séismes, mais ce n'est pas toujours le cas. La lave déborde parfois du cratère dès le début, comme cela s'est produit au Vésuve en 1929 et 1944. Plus souvent le magma, surtout lorsqu'il est fluide, s'injecte dans des fissures de l'édifice volcanique et surgit par des ***fentes éruptives*** sur les pentes, à une distance plus ou

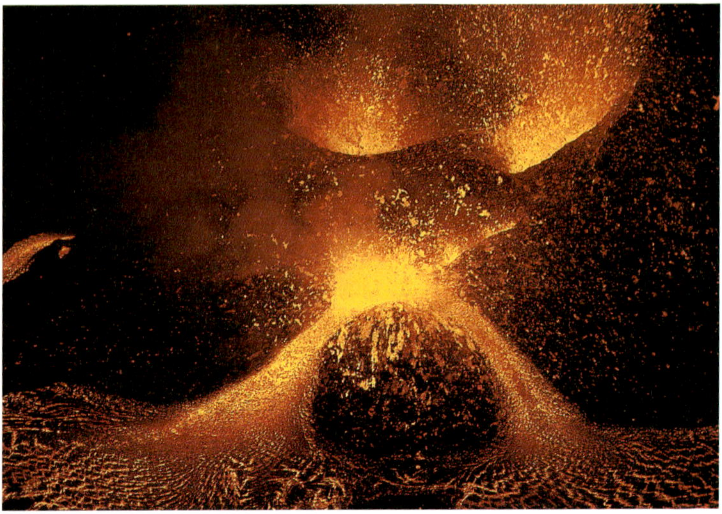

Explosions et coulées de lave dans le cratère central de l'Etna en juillet 1998. Même dans ce grand cratère circulaire dont le fond mesure plus de 100m de diamètre (voir page de titre), l'émission se fait par fissuration des deux cônes internes.

Page ci-contre : coulée de lave de l'Etna sortant de son tunnel d'effusion. L'échelle est donnée par les trois personnages au-dessus de la voûte du tunnel. Au loin on distingue les petits cônes de scories pointus, ou hornitos, formés par une faible activité explosive initiale.

moins grande du sommet, il s'agit alors d'une ***éruption latérale***. Pendant les premières heures ou les premiers jours de l'éruption, la fissure se propage, par saccades, vers l'aval, tandis que cesse l'activité aux bouches supérieures. Ce genre de dynamisme est typique de l'Etna, des volcans hawaiiens et du Piton de la Fournaise à l'île de la Réunion.

L'ouverture des fissures est rarement un acte brutal et instantané. Ainsi la route faisant le tour de la Fournaise fut coupée, le 23 mars 1986, par une de ces crevasses qui mit une dizaine d'heures pour atteindre son ouverture maximale d'environ un mètre ; c'est à ce moment seulement que la lave commença à couler, en contrebas de la route d'ailleurs, et non loin de la mer. Le même phénomène a été observé au Kilauea en 1955 : le volcanologiste Gordon Macdonald put photographier l'émergence progressive du basalte fondu, puis le développement d'une " fontaine de feu " en travers même de la route. Il filma aussi l'extraordinaire phénomène, mais la pellicule, au développement, se révéla vierge ! Sans doute, raconte-t-il avec humour, la déesse des volcans hawaiiens, Pélé, s'était-elle interposée devant l'objectif de la caméra...

Lors de ces éruptions fissurales, les gaz s'échappent en général vers le haut de la crevasse par des ***bouches explosives***, éjectant lambeaux de lave et autres projections qui construisent en peu de temps des cratères et cônes adventifs. Les ***remparts de scories soudées***, de forme allongée, résultent de l'accumulation de fragments de lave projetés à faible hauteur et retombant à l'état presque entièrement liquide. Les ***hornitos*** ont une origine semblable, mais correspondent à des échappements plus ponctuels de gaz : ce sont des cônelets pointus de quelques mètres de haut, atteignant plus rarement quelques dizaines de mètres. Vers la partie aval de la fissure, des ***bouches effusives*** livrent passage aux coulées avec un calme relatif. Dans les grands paroxysmes, cependant, les points de sortie peuvent être confondus et il ne faudrait pas croire non plus que le " principe des vases communiquants " s'applique de façon rigoureuse au liquide magmatique. Ce qui cause l'éruption, en effet, c'est avant tout la dépressurisation du réservoir qui entraîne la formation des bulles de gaz et le gonflement du magma : on conçoit que celui-ci jaillira de préférence aux endroits de moindre pression externe, qui ne sont pas toujours ceux de moindre altitude. Le même mécanisme explique aussi pourquoi on constate presque en permanence un niveau magmatique différent dans chacun des quatre grands cratères sommitaux de l'Etna.

Aux sources de lave, selon l'importance de l'épanchement, on comparera la coulée à un ruisseau, une rivière ou un fleuve de métal fondu. La vitesse la plus élevée qui ait été mesurée (Mauna Loa, 1984) est de 66 km/h, et elle doit dans certains cas dépasser 100 km/h. On est alors en droit de parler d'un " torrent de lave ", mais ce terme est souvent employé à tort pour désigner des coulées plus lentes, comme c'est le cas général. Bien entendu, la lave ne conserve pas longtemps une vitesse aussi terrifiante. Elle se refroidit au contact de l'atmosphère et du sol de sorte que, dans la masse en écoulement, il y a décroissance de la température vers l'extérieur, avec augmentation corrélative de la viscosité. Il se forme à la surface, au front et sur les bords une pellicule d'abord plastique, puis solide et rocheuse, qui ralentit de plus en plus la marche de la coulée, l'emprisonne, la fait s'élargir et s'épaissir à mesure qu'elle s'éloigne de son point d'émission. Au bout d'un parcours dont la longueur varie selon sa vitesse initiale, la matière en fusion disparaît sous une couverture mobile de blocs scoriacés de toute taille, sorte de mâchefer dont les éléments s'entrechoquent dans un bruit de vaisselle brisée. Cette croûte rocheuse, mauvaise conductrice de la chaleur, isole et protège du refroidissement la lave de l'intérieur, qui demeure longtemps liquide et incandescente et pousse en avant les scories et les blocs solidifiés, par éboulements successifs. La progression devient de plus en plus lente, quelques dizaines de mètres par heure, puis quelques mètres. En même temps, le front de la coulée forme une imposante muraille de roc noir et fumant, haute comme un immeuble de plusieurs étages, et dont la marche a quelque chose de vraiment inexorable. A distance l'intense chaleur dessèche les plantes et les fleurs, puis, d'un coup, les enflamme comme des torches. Les grands arbres sont renversés, carbonisés, ou simplement enfouis sous un amas de sable ardent et de blocs énormes. Rien ne résiste à la poussée monstrueuse qui, avec une lenteur sournoise, fissure, lézarde, éventre les oeuvres humaines, et peu à peu les engloutit. Sur les bords, les scories charriées par la coulée se déposent et s'entassent en moraines ou ***levées*** chaotiques, souvent plus hautes que le flot lui-même. La lave se construit donc, à ses dépens, un véritable lit isolant dans lequel elle continue longtemps de fluer, chaude et liquide.

Coulées de lave à surface lisse de type "pahoehoe" au Kilauea. La rivière de lave vive a une largeur de quelques mètres.

Solidification et formes des coulées de lave fluide.

La longueur atteinte par les coulées dépend de leur fluidité, mais aussi de la vitesse de l'épanchement aux bouches d'éruption. Plus le courant lavique est abondant et rapide, plus la gaine rocheuse de refroidissement tarde à se former. Des kilomètres sont alors nécessaires pour que celle-ci devienne épaisse au point d'entraver l'avancement et le courant conserve longtemps une faible épaisseur, de l'ordre du mètre ; ce n'est qu'au bout de dizaines de kilomètres parfois que le refroidissement du front lui permet d'atteindre une épaisseur imposante. Les coulées à basse vitesse initiale sont au contraire courtes et trapues. Elles peuvent s'entasser au voisinage immédiat du point d'émission, formant des ***coupoles d'accumulation*** hautes de plusieurs dizaines de mètres, que l'on appelle encore coupoles *exogènes* (= formées par la superposition externe de nombreuses petites coulées) pour les distinguer des dômes de lave, que nous verrons au paragraphe suivant, et dont la croissance est *endogène*, par poussée interne de magma arrivant des profondeurs. Ce mécanisme complexe explique pourquoi les petites ***coulées subterminales***, émises lentement près du sommet d'un volcan en activité persistante, ne sont jamais inquiétantes pour les habitants. Elles se refroidissent et se figent au bout de quelques centaines de mètres, même si leur émission dure pendant des années. Les nouvelles coulées se superposent aux précédentes, ou les côtoient, donnant lieu à la formation progressive d'un *champ de laves* qui s'élargit et s'épaissit davantage qu'il ne progresse en avant.

Front d'une coulée de lave à surface scoriacée de type "aa", Etna, 1983.

A l'intérieur de sa gaine isolante de roche mauvaise conductrice de la chaleur, la lave met longtemps à se solidifier et plus encore à se refroidir complètement. Le basalte qui remplit, en 1959, la dépression du Kilauea Iki sur plus de cent mètres d'épaisseur, était encore pour une bonne part liquide vingt ans après l'éruption, sa température atteignant 1140 °C ! Ceci fut vérifié grâce aux nombreux forages effectués pour étudier sa cristallisation. La masse de lave liquide emprisonnée dans cette enveloppe exerce à son front ou sur ses parois une pression telle que souvent elle les rompt, donnant naissance par une ***pseudo-bouche*** effusive à une coulée secondaire, ou résurgente, très appauvrie en gaz. Le vide laissé par l'écoulement du liquide dans l'enveloppe primitive est à l'origine de ces nombreuses ***grottes ou tunnels de lave***, souvent ornés de parois luisantes comme du satin et de stalactites aux formes les plus étranges, qui font le bonheur des touristes en pays volcanique. En général, toutefois, la voûte rocheuse s'effondre par manque de soutien et ses fragments sont ensuite charriés par la lave qui continue de couler : on obtient ainsi un ***chenal d'effusion***.

Une fois solidifiée, la coulée se présente le plus souvent comme une étendue chaotique de scories sombres et déchiquetées, hérissées de boursouflures et de rocs aux arêtes tranchantes. Ce genre de coulée est appelé " sciara " en Italie et " cheire " en Auvergne, mais les volcanologistes en font le ***"type aa"***, mot en usage à Hawaii pour désigner les ***coulées à surface scoriacée***. Il est très désagréable de s'aventurer sur ce terrain instable, dont les blocs acérés s'éboulent à la moindre sollicitation, écorchant jambes et mains : grosses chaussures, pantalons et gants épais sont alors de rigueur ! Seul l'intérieur de la coulée est fait de roche massive et unie, car la lenteur du refroidissement y a permis un dégazage presque total. On peut voir cette partie interne dans les carrières et tranchées de route.

Si la lave, quoique fluide, est appauvrie en gaz dès le départ, elle conserve en se solidifiant une surface lisse et unie. Celle-ci se brise, au cours de la progression, en dalles plus ou moins grandes qui sont ensuite charriées par la masse liquide et s'empilent comme des glaçons à la dérive. Ou encore la matière molle et incandescente de l'intérieur bave et suinte par des fissures, se boudine en simulant des amas de boyaux, parfois appelés " laves en tripes ". Quand, pour une raison quelconque (obstacle, diminution de pente...), un brusque ralentissement de la coulée se produit, des rides transversales se forment, qui s'incurvent peu à peu vers l'aval, ou s'enroulent et se torsadent comme des paquets de corde : ce sont les fameuses "laves cordées". Plus généralement, on nomme ***"pahoehoe"*** ces ***coulées à surface lisse***, aux lentes ondulations de vagues figées, que les volcans hawaiiens émettent en abondance.

Dans l'intérieur massif et déjà solide des grandes coulées, la diminution de volume due à la continuation du refroidissement induit des tensions qui fracturent et débitent la roche en prismes le plus souvent hexagonaux. Après érosion, ces structures régulières peuvent être mises à nu et constituent les célèbres ***orgues basaltiques***, terme que l'on applique volontiers à toutes les sortes de laves prismatiques, même si elles ne sont pas strictement à composition de basalte.

Pour conclure ce paragraphe, on voit qu'une seule et même coulée subit de grandes variations, dans sa rhéologie, tout au long de sa mise en place. En particulier sa température et sa viscosité présentent une large gamme de valeurs, depuis une lave chaude et fluide au sortir de la bouche effusive, jusqu'à une viscosité maximale à la solidification complète, en surface d'abord, puis dans tout le corps de la lave en fin de parcours. Mais la viscosité n'est pas seulement affectée par la baisse de température ; elle croît aussi avec la déperdition de gaz et ce dernier paramètre contribue pour une part importante à l'immobilisation progressive de la coulée.

Emission de magmas visqueux : coulées de lave épaisses, dômes et coulées pyroclastiques.

Si la lave a une consistance visqueuse dès le départ, la coulée présentera une morphologie sensiblement différente. A la sortie même du cratère, la matière fondue disparaît sous de gros blocs à contour anguleux et, sur tout son parcours, l'aspect est celui d'une ***coulée à blocs***. L'incandescence ne se révèle que dans les crevasses ou à la faveur des éboulements provoqués par la lente reptation de la base mouvante. La progression se fait de façon imperceptible : quelques mètres par heure, puis par jour. Une coulée de ce genre, partie du flanc de l'Arenal en 1968, mit des mois pour atteindre une longueur à peine supérieure à 3 km. Seules les fumées, la chaleur et, de temps à autre, les éboulements de sa partie superficielle témoignent de la vie du magma sous-jacent.

Le terme de magma n'est pas employé ici par abus de langage. La viscosité peut être en effet si grande que les bulles de gaz restent pour une bonne part emprisonnées dans la coulée et ne s'en dégagent que par à-coups, en provoquant des avalanches incandescentes ou même de petites nuées ardentes, la lave explosant à mesure qu'elle s'éboule pour finir par être pulvérisée en cendres. Ces phénomènes sont courants au Santiaguito, petit volcan en activité persistante à l'intérieur du large cratère formé par l'explosion du Santa Maria (Guatemala) en octobre 1902.

Plus généralement un magma visqueux, dans la mesure où il n'a pas été déjà projeté dans les airs par la violence des explosions, s'accumule sur place pour former un ***dôme de lave*** dont les dimensions atteignent ordinairement plusieurs centaines de mètres. A la Montagne Pelée, un dôme s'est ainsi développé de 1902 à 1905 dans l'ancienne caldeira dite “de l'Etang Sec”, déchiré de temps à autre par les nuées ardentes qui continuaient à se produire. Une grande ***aiguille de lave*** s'est même élevée en quelques mois à une hauteur de plus de 300 m au-dessus du dôme avant de s'écrouler, mais c'est là un phénomène exceptionnel : en 1929-1932 se renouvelèrent nuées ardentes et dôme, sans production de grande aiguille. Par contre des aiguilles plus petites, ne dépassant pas

Coulée de lave visqueuse à blocs dans l'île de Santorin (mer Egée).

Dôme de la Soufrière de Guadeloupe.

quelques dizaines de mètres, sont monnaie courante et hérissent de leurs pointes la plupart des dômes en cours de croissance. La formation de ces dômes est favorisée par le volcanisme explosif car le départ massif des gaz augmente de façon drastique la viscosité du liquide restant, c'est-à-dire de la lave au sens strict. L'afflux ultérieur de magma neuf non dégazé depuis les profondeurs pourra conduire à une nouvelle phase explosive, et ceci d'autant plus que la couche de lave très visqueuse constituant le dôme précédemment construit obstrue le conduit et s'oppose au dégazage du magma montant. La succession de ces phénomènes s'est déroulée de façon frappante au Mont St. Helens où des séries de grandes explosions ont été suivies, à chaque fois, par l'apparition d'un dôme qui était fracassé par les explosions suivantes, jusqu'à ce que l'épuisement des gaz permette la croissance plus tranquille d'un dôme permanent. C'est ce qui explique pourquoi dômes, violentes explosions et nuées ardentes sont si intimement associées.

Les ***nuées ardentes*** encore appelées ***courants de densité***, peuvent être définies comme l'ensemble des manifestations qui accompagnent la mise en place de ***coulées pyroclastiques***. Ces termes sont synonymes et celui de coulée pyroclastique, comme d'ailleurs celui de coulée de lave, désigne aussi bien le phénomène en marche sur les pentes du volcan que la roche ou le dépôt qui en résulte après refroidissement. On distingue encore la coulée pyroclastique au sens strict, correspondant à l'avalanche de matériaux lourds, et le nuage de poussières fines qui l'environne, plus diluées dans les gaz en voie d'échappement et dans l'air ambiant : ce nuage très turbulent est appelé " ***surge*** " par nos collègues anglo-saxons, mot imparfaitement traduit en français par ***déferlante***.

Il a été dit au chapitre précédent que les coulées pyroclastiques résultent de la surcharge d'un panache éruptif en matériaux de projections partiellement fondus (fragments de lave englobant des débris de cristaux) ou déjà solidifiées (blocs, ponces, cendres). Cette surcharge elle-même provient, en quelque sorte, du " retard au dégazage " qui caractérise les magmas visqueux. Du fait de cette viscosité, les bulles de gaz ne peuvent se dégager au fur et à mesure de leur formation et demeurent emprisonnées dans le liquide où elles atteignent une forte pression. Elles croissent ainsi lentement jusqu'à ce que les cloisons qui les séparent se touchent presque. Quand ces cloisons sont devenues trop minces, d'un seul coup c'est la rupture : le corps magmatique passe de l'état d'émulsion (bulles dispersées dans un liquide) à celui de *suspension* (cloisons de bulles dispersées dans un gaz), extrêmement mobile, dont la vitesse atteint couramment 200 à 300 km/h. Ainsi s'explique le caractère soudain et terrifiant du phénomène.

Si la mousse de magma éclate à une certaine profondeur dans le cratère, celui-ci agit comme un canon et projette d'abord verticalement la masse de gaz et de matériaux, qui retombent ensuite sur les pentes externes. Ces ***nuées ardentes retombantes***, ou du ***type Saint-Vincent***, sont les plus fréquentes. Elles ont été décrites pour la première fois à la Soufrière de l'île de Saint-Vincent, au sud de la Martinique, et qui elle aussi fit éruption en 1902. On peut rattacher à ce type les coulées pyroclastiques produites par *écroulement de colonne plinienne*, avec cette différence que dans le premier cas la nuée résulte d'une bouffée unique due à une explosion isolée alors que, dans le second, elle trouve son origine dans l'effondrement intermittent, et d'ailleurs presque toujours partiel, d'une colonne éruptive plus ou moins continue. L'élargissement de la bouche éruptive au cours de l'éruption et la diminution corrélative de la vitesse de projection de la colonne plinienne sont considérés, par certains auteurs, comme une condition déterminante de l'effondrement du jet et donc de la production des coulées pyroclastiques.

Les ***nuées ardentes d'avalanche***, ou du ***type Merapi***, proviennent de l'écroulement, sous la seule action de la pesanteur, d'une des parois d'un dôme qui devient instable au cours de sa croissance. C'est là l'autre grand type de génération des coulées pyroclastiques, celui qui a pu être observé en détail au Merapi, volcan en activité persistante du centre de Java. Ces nuées, moins énergétiques que les précédentes, sont cependant capables d'atteindre des vitesses de l'ordre de 300 km/h, et restent tout aussi dangereuses.

Dans la ***nuée ardente d'explosion latérale de type péléen*** (Montagne Pelée), il y a explosion d'une des parois du dôme, sans doute à cause d'une surpression locale de gaz et/ou de l'existence d'une zone de moindre résistance. Le jet éruptif est donc oblique et la force de projection s'ajoute à l'action de la pesanteur pour donner à la nuée une vitesse encore plus considérable : celle qui anéantit Saint-Pierre a dû dépasser 150 m/s (540 km/h), vitesse calculée d'après l'action du souffle sur certaines constructions et aussi, plus récemment, d'après des modèles théoriques.

Rappelons que l'***écroulement de flanc de type St. Helens*** a des caractéristiques voisines de celles des nuées ardentes, avec cette différence que la majorité des matériaux mis en jeu sont de nature ancienne, appartenant au versant de la montagne. L'écroulement est en général provoqué par la croissance interne et la déstabilisation d'un ***crypto-dôme***, ou " dôme caché " à l'intérieur même de l'édifice, parce que le magma s'insinue latéralement à la limite de deux couches de terrain de nature différente. Comme dans le cas péléen, il en résulte un ***souffle latéral*** d'une grande puissance de destruction. Au Mont St. Helens, le 18 mai 1980, ce souffle atteignit 230 m/s (840 km/h) et, dans certains cas, la vitesse peut être d'ordre supersonique. Les études géologiques montrent que les ***avalanches de débris*** résultant de ce phénomène, fluidisées par les gaz (vapeur d'eau), ont pu se propager à des dizaines, voire des centaines de kilomètres de leur point d'émission.

Le caractère destructeur des nuées ardentes réside non seulement dans leur nature et leur dynamique, mais aussi dans leur haute température, au départ voisine de celle du magma et donc supérieure à 700 °C (certaines nuées sont incandescentes à leur origine) et restant sur tout leur parcours de l'ordre de 300-500 °C. Les dépôts de coulées

Dôme et nuées ardentes ou coulées pyroclastiques (Unzen, Japon, éruption de 1991–95).

Aiguille de lave (hauteur relative 20 m) au sommet du dôme de Montserrat.

Bois carbonisés par l'ignimbrite de Taupo, Nouvelle Zélande.

Champ d'ignimbrite du Pinatubo, Philippines, quatre ans après l'éruption de 1991. Les pluies ont entaillé de profondes ravines dans les cendres et ponces qui le constituent.

pyroclastiques importantes, c'est-à-dire les ***ignimbrites***, mettent des dizaines d'années à se refroidir. On a mesuré la température de 492 °C à quelques mètres de profondeur dans l'ignimbrite du Pinatubo, cinq ans après sa mise en place. Les pluies ont creusé et raviné ces matériaux et, au contact de l'intérieur encore brûlant, déclenché des explosions phréatiques ou même de véritables coulées pyroclastiques secondaires. Un autre exemple classique est celui du Katmai, qui se produisit en 1912 dans une région désertique de l'Alaska, circonstance heureuse car cette éruption, la plus importante du XXe siècle, rejeta une nappe d'***ignimbrite*** si chaude qu'elle resta ***soudée*** sur tout son parcours. Pendant longtemps d'innombrables fumerolles se dégagèrent de l'énorme masse brûlante, ce qui valut à ce lieu extraordinaire le nom de "vallée des dix mille fumées" (*Valley of Ten Thousand Smokes*).

Magnitude et intensité des éruptions. Types d'explosions volcaniques.

Il n'est pas facile de quantifier l'ensemble des paramètres qui caractérisent une éruption. La ***magnitude*** peut être assimilée à la quantité totale de produits émis (coulées ou dômes de lave et projections ou coulées pyroclastiques), exprimée en millions de mètres cubes ($m^3 x 10^6$) ou en kilomètres cubes pour les grands cataclysmes ($m^3 x 10^9$) : attention aux conversions, 1 km^3 = *mille millions* de m^3 !

Ce n'est évidemment pas la même chose si une quantité donnée de produits est rejetée en un jour ou en dix ans. C'est pourquoi il est nécessaire d'introduire la notion de ***taux d'éruption***, généralement exprimé en m^3/s, qui caractérise l'***intensité***, ou violence de l'éruption. Si celle-ci n'émet que des coulées de lave, on parle de *taux d'effusion*, ou encore, s'il n'y a que des pyroclastes, de *taux d'émission*. Beaucoup d'autres paramètres peuvent être pris en compte, comme la formation d'une caldeira, l'apparition ou le rejeu de fissures éruptives, la longueur de celles-ci, leur vitesse de propagation...

L'indice d'explosivité a été utilisé en déterminant le pourcentage de projections pyroclastiques par rapport à la quantité totale de produits (pyroclastes/pyroclastes+coulées de lave ou dômes). Récemment toutefois, des volcanologistes américains ont défini un " Volcanic Explosivity Index ", ou ***VEI***, dans un sens différent, car il intègre un grand nombre de paramètres : quantité totale de pyroclastes, taux d'émission, hauteur de la colonne éruptive, etc. Le VEI est gradué de 0 à 8 en fonction de ces paramètres : **0** est qualifié de *non explosif* avec moins de 10 000 (=1x10^4) m^3 de pyroclastes ; **1** correspond à une *petite* éruption (10^4 à 10^6 m^3 de projections) dont le panache peut atteindre 1 km de haut ; **2** s'applique à une éruption *modérée* (10^6 à 10^7 m^3, panache de 5 km) ; **3** représente une éruption *relativement grande* (10^7 à 10^8 m^3, panache jusqu'à 15 km) ; **4** désigne une *grande* éruption (10^8 à 10^9 m^3, panache de 25 km) ; **5 à 8** sont utilisés pour quantifier les *très grandes* éruptions rejetant plus d'un km^3 ($>10^9$ m^3) de produits à plus de 25 km d'altitude. Ces indices sont modulés en fonction de l'*intensité* ou *taux d'éruption*, c'est-à-dire la rapidité avec laquelle les produits sont éjectés. Pour fixer les idées, on a attribué les indices 5, 6, 7, respectivement, aux très grandes éruptions du Mont St. Helens (1980), du Krakatau (1883), du Tambora (1815), cette dernière constituant la plus grande des temps historiques. L'indice 8 est réservé aux gigantesques cataclysmes révélés par les études géologiques et qui, heureusement, ne se renouvellent en moyenne qu'une fois chaque cent mille ans !

Les "types de volcans", que l'on trouve si souvent dans les traités élémentaires de géologie, proviennent d'une interprétation erronée des ***types d'explosions volcaniques*** définis au début du XXe siècle par Giuseppe Mercalli et Alfred Lacroix. Ces auteurs précisaient pourtant que, selon l'état physique du magma (température, teneur en gaz, viscosité), ces divers types éruptifs peuvent se succéder ou alterner dans un même volcan et souvent au cours d'une même éruption. Le type *hawaiien*, essentiellement effusif, délivre des fontaines continues de lave liquide à une faible hauteur ; dans le type *strombolien*, des explosions intermittentes et plus violentes projettent lambeaux de lave incandescente, scories et souvent une certaine quantité de cendres ; dans le type *vulcanien*, le magma est en grande partie pulvérisé par la déflagration des gaz, donnant d'imposants panaches obscurs de cendres ; le type *péléen*, dans l'esprit de Lacroix, était réservé à la production de nuées ardentes. Là comme en bien d'autres domaines, l'introduction de noms géographiques a créé une grande confusion. Les volcans d'Hawaii peuvent exploser selon le mode strombolien ou vulcanien lorsque la pression de gaz s'accroit (phréatomagmatisme), et même des nuées ardentes ont été émises par le Kilauea en 1790. Le Stromboli produit

L'éruption du Pinatubo, qui a rejeté 10 km^3 de produits et creusé cette caldeira de 2,5 km de diamètre, a été l'une des plus puissantes du XXe siècle. Elle a été seulement surpassée par celle du Katmaï (Alaska, 1912).

Caldeira sous-marine de Santorin. Cette structure d'une douzaine de kilomètres de diamètre a été remodelée par plusieurs grandes éruptions pliniennes. La dernière s'est produite vers 1600 avant J.C. et a peut-être contribué à la légende de l'Atlantide.

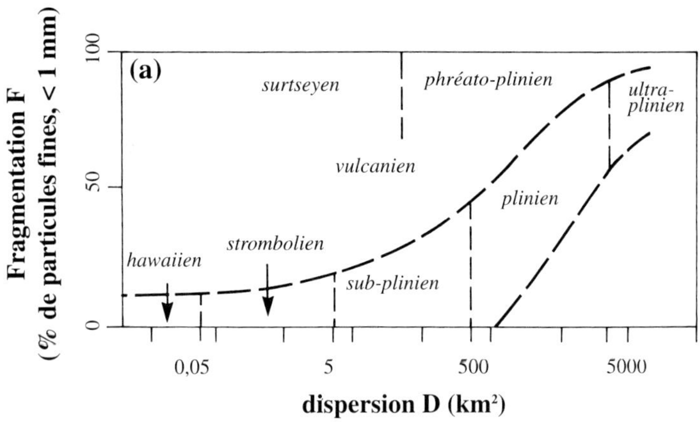

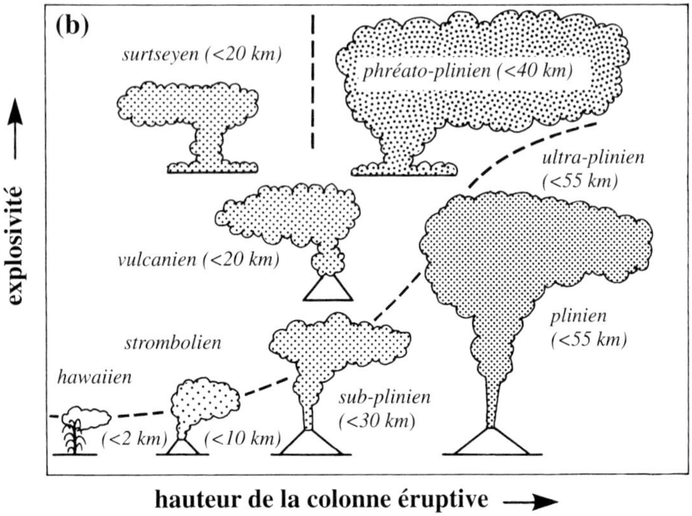

Figure 2-1

Types d'explosions volcaniques (voir texte)

des explosions vulcaniennes lors de ses paroxysmes, voire des nuées ardentes comme en 1930... Par la suite, enfin, les volcanologistes ont découvert que ces différents types ne suffisaient pas à rendre compte de l'ensemble des manifestations éruptives : ainsi ont été créés les termes de colonne plinienne, coulée pyroclastique, explosion phréatique, etc.

A l'heure actuelle, une certaine survivance de ces types se retrouve dans une classification quantitative des phénomènes explosifs (fig. ci-contre), où la violence du dégazage va en augmentant. En conséquence, les projections sont de plus en plus finement pulvérisées et abondantes (pourcentage de particules plus fines que 1 mm, en ordonnée) et recouvrent donc des surfaces de plus en plus grandes (en abscisse, noter que l'échelle est logarithmique). On passe ainsi du type ***hawaiien*** (rares pyroclastes de gros calibre, surtout lambeaux de lave, dispersés sur une petite surface) aux types ***strombolien***, ***subplinien***, ***plinien*** et ***ultraplinien*** (projections de plus en plus finement pulvérisées, où les cendres deviennent prédominantes, et recouvrant des surfaces de plus en plus grandes). Le type ***vulcanien*** continue d'être utilisé pour désigner des explosions isolées violentes (souvent phréatomagmatiques), à la différence d'une colonne plinienne alimentée par un jet continu de gaz : c'est pourquoi les projections y sont plus fines, mais recouvrent une moindre surface que dans le type plinien. Enfin le terme ***surtseyen*** (de Surtsey, Islande) s'applique aux explosions phréatomagmatiques extrêmes, sous-marines ou sous-lacustres ; celles-ci se caractérisent par des jets de cendres humides d'un noir d'encre, extrêmement pointus (gerbes "***cypressoïdes***", en forme de cyprès) qui se déploient et retombent en "queue de coq", puis disparaissent dans les volutes de vapeur blanche. Les particules fines y sont si abondantes que des ***déferlantes basales***, sortes de petites nuées ardentes, sont possibles au sortir de la bouche éruptive : ce sont les "base surges" de nos collègues anglo-saxons.

D'une façon générale, la production de nuées ardentes n'est plus considérée aujourd'hui comme caractéristique d'un dynamisme particulier. Tous les types violemment explosifs (subplinien, plinien, vulcanien, surtseyen, phréatoplinien et même strombolien) sont susceptibles de donner lieu à ce genre de phénomènes.

"Laves cordées" basaltiques du Kilauea, Hawaii.
Le basalte est la plus répandue des roches volcaniques.

CHAPITRE 3

MINERAUX ET ROCHES MAGMATIQUES

CE QUI DÉTERMINE les types d'éruptions et, en définitive, la nature des produits et l'architecture des volcans, c'est la façon plus ou moins violente selon laquelle les gaz se séparent du magma. On conçoit donc que la composition et le comportement de ce liquide si particulier aient intéressé au premier chef les pionniers de la géologie. Au début, les recherches ont porté sur l'état le plus accessible du liquide magmatique, c'est-à-dire la lave refroidie et figée sous forme de roche volcanique. Ce n'est que beaucoup plus tard, surtout dans la deuxième moitié du XXe siècle, que les progrès techniques ont permis de reconstituer en laboratoire les hautes températures et pressions nécessaires pour l'étude des magmas en tant que tels.

La science des roches : pétrographie, ou pétrologie.

Une roche magmatique est constituée, dans la grande majorité des cas, par un assemblage de cristaux appartenant eux-mêmes à un petit nombre d'espèces minérales. L'observation minutieuse de ces minéraux apporte déjà des informations capitales sur les conditions dans lesquelles le magma a évolué, depuis sa genèse dans les profondeurs du globe jusqu'à sa consolidation en surface après l'éruption. C'est pourquoi la plupart des volcanologistes, comme Alfred Lacroix, ont été avant tout des géologues minéralogistes. Aujourd'hui, il n'est pas concevable d'aborder l'étude des volcans sans de solides notions de pétrographie, ou pétrologie. Ces deux mots, qui désignent la science des roches, ne sont pas tout à fait synonymes et traduisent plutôt une évolution de la pensée scientifique. A l'aube de la *pétrographie* (XIXe siècle, du grec *pétros*, pierre, et *graphein*, décrire), les savants - c'est ainsi qu'on les appelait - s'attachaient effectivement à *décrire* tout ce qui pouvait différencier une roche d'une autre. Cette pratique conduisit à la prolifération de termes spécialisés, le plus souvent à racine géographique parce qu'ils provenaient du lieu où l'échantillon avait été observé pour la première fois : sancyite (du Puy de Sancy), esterellite (Estérel), ankaratrite (Ankaratra, Madagascar), etc. Et il fallait être savant, certes, pour se retrouver dans des catalogues comprenant des centaines, puis des milliers de noms, tous plus barbares les uns que les autres...

A l'heure actuelle, la tendance est au contraire à regrouper dans un ensemble compréhensif les principaux types de roches magmatiques, sans séparer celles qui ne diffèrent que par des détails, et en laissant à l'écart les cas exceptionnels constituant de simples curiosités locales. Au lieu de l'analyse descriptive d'objets isolés - la pétrographie au sens strict, que certains qualifient volontiers de "pétrographie de tiroirs" -, on cherche à expliquer les relations entre les roches qui forment l'essentiel du globe terrestre et, par là même, on aborde les grands problèmes de l'origine de la planète, de sa dynamique et de son histoire. Cet aspect *génétique* de la science des roches s'accorde mieux avec la dénomination plus récente de *pétrologie*, où celle-ci n'apparaît plus comme une fin, mais comme un moyen de mieux connaître comment se forment non seulement les roches, mais aussi les magmas, comment ceux-ci évoluent et dans quelles conditions de pression et température, autrement dit comment fonctionnent les volcans. Que le lecteur, donc, se rassure ! Il pourra s'initier aux principales questions pétrologiques après avoir assimilé la signification d'un petit nombre de termes techniques.

Cristal, minéral, roche. L'état cristallin et l'état vitreux.

Un ***cristal*** est un corps solide dans lequel les atomes sont disposés suivant des lois géométriques strictes, qui définissent un réseau ou *maille élémentaire* se répétant de façon identique dans la totalité de son volume. Il existe sept systèmes de symétries possibles, qui dépendent surtout de la taille des atomes constituant les cristaux, et que l'on appelle ***systèmes cristallins*** : *cubique* (cube), *quadratique* (prisme droit à base carrée), *orthorhombique* (prisme droit à base rectangulaire), *monoclinique* (prisme incliné à base rectangle), *triclinique* (prisme parallélipédique oblique), *hexagonal* (prisme hexagonal), *rhomboédrique* (ou trigonal : six losanges accolés). A l'exception de ceux du système cubique, tous les cristaux ont la propriété de transmettre la lumière avec une vitesse différente selon les diverses directions ; ils présentent donc de nombreux phénomènes optiques, dont le plus important est la biréfringence, et qui permettent de les déterminer au microscope polarisant. Pour ce faire, il faut découper à la scie diamantée une plaquette de roche que l'on colle sur une lame de verre, puis que l'on use avec des abrasifs jusqu'à ce qu'elle soit réduite à l'état de ***lame mince***, dont l'épaisseur n'est plus que de 0,03 mm : presque tous les cristaux sont alors transparents et on peut étudier leurs différents caractères optiques.

Le terme de ***minéral*** est plus restrictif que celui de cristal. Un minéral regroupe l'ensemble des cristaux appartenant à une espèce chimique déterminée et dont les propriétés physiques sont identiques ou très voisines. Il se caractérise par une formule chimique spécifique, même si, à l'intérieur de celle-ci, certaines substitutions, ou remplacements de certains atomes par d'autres, sont possibles. Ainsi le quartz est un minéral ayant pour formule SiO_2 (un atome de silicium pour deux atomes d'oxygène) ; l'olivine, abondante dans les basaltes, est un autre minéral de composition $Mg_2\,SiO_4$, mais où le magnésium (Mg) peut être remplacé en toutes proportions par le fer (Fe) : sa formule générale s'écrit donc $(Mg,Fe)_2\,SiO_4$. Les différents individus, ou cristaux, d'une même espèce minérale appartiennent bien entendu au même système cristallin : hexagonal pour le quartz, orthorhombique pour l'olivine.

Quand on parle de cristaux, de minéraux, on pense tout de suite à ces magnifiques pièces de collection, parfois de dimension métrique, aux faces brillantes et aux formes géométriques parfaites. Mais ce ne sont là que des exceptions, dont la rareté fait le prix. L'immense majorité des minéraux se présentent sous un jour plus discret et infiniment moins attrayant. Leurs cristaux offrent des facettes limitées et assez peu esthétiques, ou même apparaissent comme des grains arrondis bien que la symétrie cristalline soit toujours présente à l'échelle atomique. Ils ne dépassent pas quelques millimètres ou centimètres de plus grande dimension, suffisante toutefois pour qu'ils soient visibles à l'œil nu : ce sont alors des ***phénocristaux*** (du grec *phénos* = visible). Plus souvent encore, et ceci est une caractéristique majeure de la catégorie des roches magmatiques que l'on appelle volcaniques (nous verrons très bientôt pourquoi), les cristaux sont extrêmement fins et ne dépassent pas quelques dizaines ou centaines de microns ($1\mu = 1/1000$ ou 10^{-3} mm). Ils ne peuvent donc être observés qu'au microscope d'où leur nom de

Le granite de Bretagne est une roche magmatique à texture grenue, constituée par de gros grains minéraux : feldspath rose, quartz gris et quelques paillettes noires de mica. Tous ces minéraux ont acquis de grandes dimensions par refroidissement lent dans la croûte terrestre *(roche plutonique).*

microcristaux ou ***microlites***, qui constituent une sorte de ciment, ou ***pâte***, entre les phénocristaux. La pâte peut enfin renfermer des cristaux minuscules, pratiquement invisibles même avec un bon microscope, sous forme de *mésostase cryptocristalline* (*cryptos* = caché) dont la mise en évidence nécessite le recours à des techniques élaborées d'étude utilisant, par exemple, la propriété qu'ont les cristaux de diffracter les rayons X.

La taille des cristaux est en relation avec les propriétés physiques du magma qui leur donne naissance, notamment la viscosité, la vitesse de refroidissement et l'abondance des composés volatils, que l'on appelle encore minéralisateurs. Si la cristallisation s'effectue avec lenteur dans un réservoir situé à l'intérieur du globe, les composés volatils se concentrent dans le liquide et favorisent la croissance de grands phénocristaux. Au contraire, au cours d'une éruption volcanique, le refroidissement brutal d'une lave qui, en outre, a perdu la majorité de ses gaz, augmentera de façon drastique sa viscosité et s'opposera à la cristallisation : le produit final ne comportera que des microlites, sauf si des phénocristaux se sont déjà formés dans le réservoir au cours d'un stade antérieur. Une lave très visqueuse peut même ne pas cristalliser du tout. C'est le cas des ***obsidiennes*** ressemblant au verre de bouteille et qui peuvent être en effet qualifiées de ***roches vitreuses***, ou verres naturels. Cet état vitreux de la matière est moins répandu que l'état cristallin défini plus haut ; il se caractérise par une distribution irrégulière des atomes, encore qu'un certain ordre puisse parfois être démontré aux rayons X. La formation d'un verre volcanique nécessite avant tout une forte viscosité du liquide, obtenue dès le départ si la lave est de composition riche en silice et presque entièrement dégazée, ou par refroidissement si rapide que l'augmentation de la viscosité prend de vitesse la cristallisation. Ce dernier cas s'applique à certains produits de projections basaltiques (scories, cendres) qui se figent presque instantanément au contact de l'air, ou aux échantillons de lave vive prélevés à la source et "trempés" dans un seau d'eau.

Les autres roches, beaucoup plus communes, formées par l'assemblage de minéraux cristallisés, sont appelées ***roches cristallines***. Il n'y a, en général, pas plus de trois ou quatre minéraux qui entrent dans la composition de chacune des roches cristallines magmatiques,

Cette dacite du Mont Unzen est une *roche volcanique*, formée par refroidissement rapide d'une lave. La texture est microlitique porphyrique : de gros phénocristaux de feldspath plagioclase (blanc) et d'amphibole (noire) sont dispersés dans une pâte grise dont les microcristaux, ou microlites, ne sont visibles qu'au microscope.

et une dizaine d'espèces minérales essentielles en tout. Leurs caractéristiques vont être exposées maintenant, avant de décrire les roches elles-mêmes.

Les silicates, minéraux essentiels du globe terrestre.

Si, de quelque galaxie lointaine, un extra-terrestre pouvait radiographier notre planète, il y verrait surtout des ***silicates***. Ceux-ci sont en effet des corps dont la charpente, l'ossature en quelque sorte, est formée par les deux éléments les plus abondants à l'intérieur de la Terre, à savoir l'oxygène O^{2-} et le silicium Si^{4+}. Le silicium est lié par ses quatre valences à quatre oxygènes, formant des tétraèdres $(SiO_4)^{4-}$, qui peuvent s'assembler entre eux ou fixer, par leurs valences restées libres, d'autres éléments : magnésium Mg^{2+}, fer ferreux Fe^{2+} ou ferrique Fe^{3+}, calcium Ca^{2+}, aluminium Al^{3+}, sodium Na^{+}, potassium K^{+}, pour ne citer que les plus importants. Ainsi le quartz est un silicate dont tous les tétraèdres $(SiO_4)^{4-}$ sont soudés entre eux, la formule générale étant SiO_2. Dans l'olivine, les tétraèdres sont séparés par des ions Mg^{2+} et Fe^{2+}, qui assurent la cohésion de l'ensemble.

La diversité des roches magmatiques communes réside dans le mode d'assemblage et les proportions relatives de cinq groupes de silicates *essentiels*, dont la présence est indispensable pour caractériser le type de roche. Seuls certains minéraux *accessoires*, en faible quantité, peuvent ne pas être des silicates ; les plus connus sont des *oxydes* de fer et de titane, la magnétite Fe_3O_4 et l'ilménite Fe_2TiO_4. Enfin, dans certains cas exceptionnels, des ***carbonatites*** ou roches exclusivement composées de carbonates sont rejetées : le seul exemple actuel est le volcan Oldoinyo l'Engaï, en Tanzanie, dont le cratère éructe des éclaboussures et petites coulées de carbonate de sodium.

Silicates ferro-magnésiens

Ces minéraux, comme leur nom l'indique, contiennent tous du magnésium et/ou du fer dans leur structure.

• L' ***olivine***, vert-olive ou jaune quand on observe à l'oeil nu une roche qui en contient, est d'ordinaire riche en magnésium : environ 80% de Mg_2SiO_4 (qu'on appelle forstérite, en abrégé Fo) et donc 20%

de Fe_2SiO_4, ou fayalite (Fa). Mais, comme nous l'avons vu, la forstérite peut être remplacée en toutes proportions par la fayalite, selon la composition globale du magma qui cristallise. Au microscope polarisant (lame mince), l'olivine se reconnaît à ses teintes de biréfringence vives (jaune, violet, bleu ou vert) et son fort indice de réfraction, qui la fait apparaître "en relief" sur le fond des autres minéraux.

• Les ***pyroxènes*** se présentent en prismes trapus, noirs ou verdâtres à l'oeil nu ; ils se subdivisent en deux sous-groupes :

Les ***clinopyroxènes*** cristallisent dans le système monoclinique. Calcium, magnésium et fer sont leurs éléments caractéristiques. Les plus communs sont le ***diopside*** et l'***augite*** $Ca(Mg,Fe)Si_2O_6$, les gros ions Ca imposant la symétrie monoclinique ; ils présentent les mêmes teintes de biréfringence que l'olivine, mais aussi des clivages, ou cassures rectilignes et parallèles.

Les ***orthopyroxènes***, par exemple l'**hypersthène** $(Mg,Fe)_2Si_2O_6$, sont orthorhombiques et donc à extinction droite (suivant les lignes nord-sud ou est-ouest du microscope, correspondant aux plans des polariseurs), avec une moindre biréfringence. On remarquera que l'hypersthène contient les mêmes éléments que l'olivine, mais avec davantage de Si : la présence d'hypersthène est donc un indice d'excès de silice dans un magma.

• Les ***amphiboles***, en prismes allongés d'un noir brillant dans l'échantillon de roche, ont une morphologie et des compositions proches de celles des pyroxènes, mais avec, en plus, des quantités significatives d'aluminium, de sodium, et surtout l'ion $(OH)^-$ dans leur structure. Elles ne se forment que sous forte pression de vapeur d'eau, donc à une certaine profondeur dans la croûte terrestre.

• Les ***micas***, également "hydratés" car stables sous pression d'eau, sont des minéraux feuilletés (faible cohésion de certains atomes, déterminant des plans de moindre résistance et une allure en feuillets). Le plus connu est la ***biotite***, ou mica noir.

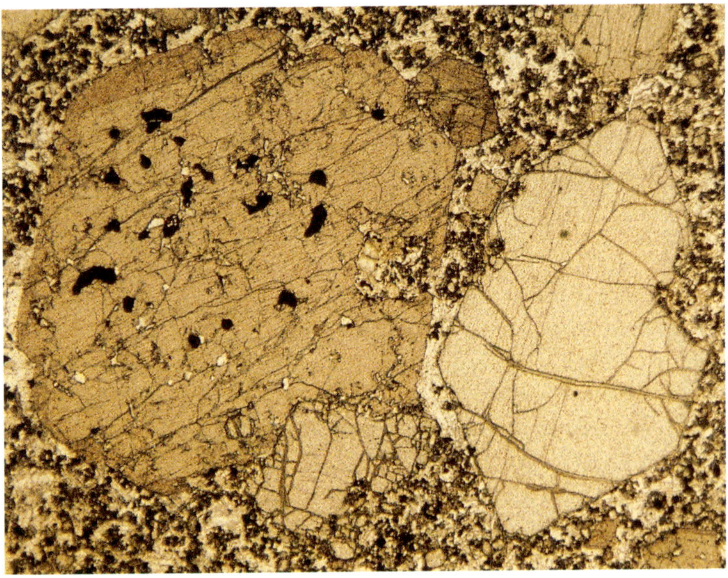

Lame mince de basalte vue au microscope en lumière naturelle : phénocristaux d'olivine craquelée (à droite), mais limpide et aux formes cristallines bien nettes, et de pyroxène jaunâtre et arrondi (à gauche). Ces minéraux baignent dans une pâte microlitique où l'on distingue de petits grains noirs, opaques, de magnétite.

Amphibole et biotite se reconnaissent aisément en lame mince par leur forte coloration (verte, brune, rouge), d'intensité variable quand on tourne la platine du microscope (polychroïsme).

• Les ***grenats***, aux formes arrondies (système cubique), contiennent selon les espèces Mg, Fe, Ca ou Al en plus du silicium. Ce sont des minéraux de haute pression et donc rares dans les laves.

Les silicates ferromagnésiens, que l'on appelle encore *minéraux colorés* car ils offrent à l'œil nu des couleurs diverses, varient en proportions inverses des minéraux clairs (feldspaths, feldspathoïdes, quartz, voir paragraphes suivants) et ***l'indice de coloration*** d'une roche, c'est-à-dire le pourcentage de ses minéraux colorés, constitue un élément de classification.

Gabbro vu en lumière polarisée. Ici, l'olivine apparaît en bleu ou jaune (teintes de polarisation dépendant de l'orientation du cristal dans le microscope), le pyroxène est orange et le plagioclase noir et blanc. Les minéraux sont jointifs (texture grenue) et il n'y a donc pas de pâte.

FELDSPATHS PLAGIOCLASES OU CALCO-SODIQUES

Les feldspaths jouent un rôle essentiel dans la plupart des roches de la croûte terrestre. Comme les autres minéraux ci-après, ils sont en principe incolores en gros cristaux, mais le plus souvent blancs, rosés ou grisâtres. En lame mince, ils ont un faible relief et une basse biréfringence (gris, blanc, blanc jaunâtre).

Les plagioclases forment une série continue depuis l'anorthite (An) de composition $CaAl_2Si_2O_8$ jusqu'à l'albite (Ab), de formule $NaAlSi_3O_8$ et cristallisant à une température moins élevée. La teneur en silice augmente donc au cours de la cristallisation, depuis le voisinage du pôle calcique jusque vers le pôle sodique. Les plagioclases des roches volcaniques sont d'ailleurs très souvent "zonés" : dans un même cristal se développent des auréoles de composition différente (structure "en pelure d'oignon"), depuis un coeur riche en Ca (ou An) vers un bord moins calcique et donc plus sodique.

FELDSPATHS ALCALINS OU SODI-POTASSIQUES

Les ***feldspaths alcalins*** ne forment une série continue qu'à haute température (roches volcaniques), depuis la sanidine surtout potassique ($KAlSi_3O_8$) jusqu'au voisinage de l'albite. A basse température, dans les roches dites *plutoniques* que nous verrons plus loin, il y a "démixion" entre un feldspath presque purement potassique, l'orthose Or (semblable à la sanidine, mais avec une structure un peu différente), et un feldspath plus sodique.

Les formes de haute et basse températures (HT et BT) dépendent en fait de la vitesse de refroidissement : un magma "trempé" lors d'une éruption volcanique donnera des formes HT (température du magma lors de sa venue au jour, la brutalité du refroidissement bloquant la cristallisation à ce stade), tandis qu'un refroidissement lent dans la croûte terrestre permettra aux équilibres chimiques de s'établir pour aboutir à la forme stable à la plus basse température possible avant solidification (forme BT des roches plutoniques).

FELDSPATHOÏDES

Les ***feldspathoïdes*** sont des minéraux très voisins des feldspaths alcalins, mais avec moins de silicium (exemples : la néphéline $NaAlSiO_4$, la leucite $KAlSi_2O_6$). Ils n'apparaissent que dans les roches à ***déficit de silice***, lorsqu'il n'y a pas assez de Si pour satisfaire aux formules des feldspaths.

GROUPE DE LA SILICE (SiO_2)

Il comprend le ***quartz***, bien connu, mais aussi ses équivalents de haute température, la ***tridymite*** et la ***cristobalite***, minuscules cristaux qui simulent des empilements de petits cubes dans la pâte de certaines laves, où ils sont difficilement observables. Bien entendu, ces minéraux ne peuvent exister que dans les roches à ***excès de silice***, lorsqu'il reste du Si surabondant après avoir formé tous les autres silicates.

Le groupe de la silice et les feldspathoïdes s'excluent donc mutuellement et ne peuvent coexister dans une même roche.

Les roches magmatiques.

Les roches magmatiques résultent du refroidissement d'un magma, soit en surface à la faveur d'éruptions, et nous aurons alors affaire à des *roches volcaniques*, soit par lente consolidation à l'intérieur du globe terrestre, et il s'agira de *roches plutoniques*. Ces mêmes roches étaient autrefois appelées "roches éruptives", terme impropre puisque seules les premières résultent effectivement d'éruptions, ou encore "roches ignées", sans doute pour rappeler la chaleur émanant de leur mise en place (latin ignis = feu). Rappelons que la diversité des roches magmatiques réside dans la nature et les proportions relatives des minéraux silicatés qui les constituent, ainsi que dans la façon dont ces minéraux sont agencés entre eux (*texture* ou *structure* de la roche).

Dans les ***roches plutoniques***, le refroidissement du magma s'effectue en profondeur (Pluton est le dieu des Enfers) et donc avec une extrême lenteur. Tous les minéraux ont le temps d'acquérir de grandes dimensions et finissent par devenir jointifs, accolés : c'est la ***texture grenue***, qui résulte de la coalescence de gros grains minéraux. La péridotite constituant le manteau terrestre est une roche grenue faite surtout de péridot-olivine, mais comportant aussi des pyroxènes et du grenat. Le granite, autre roche grenue commune, est composé de feldspath et de quartz accolés, souvent avec un peu de mica.

Dans les ***roches volcaniques***, on peut aussi rencontrer de grands cristaux visibles à l'oeil nu (*phénocristaux*), formés de la même manière en profondeur. Mais ceux-ci ne sont pas accolés et baignent toujours dans une ***pâte***, ou *mésostase*, qui représente la partie encore liquide du magma au moment de l'éruption. La pâte, si elle est presque instantanément refroidie, peut se consolider sous forme de *verre* volcanique, comme nous l'avons vu plus haut. Mais en général, par exemple dans les parties internes des coulées de lave, le refroidissement dure assez longtemps pour que de minuscules cristaux commencent à se développer : ce sont les *microlites*, visibles au microscope. Si des phénocristaux préexistaient dans le magma avant l'éruption, on a alors affaire à une ***texture microlitique porphyrique*** (pâte microlitique + phénocristaux), qui caractérise la majorité des roches volcaniques. Certains magmas font cependant éruption à une température très élevée et ne contiennent pas de phénocristaux : ils donnent naissance à des roches ***aphyriques*** ou *aphanitiques*, formées uniquement d'une pâte, qu'elle soit microlitique ou vitreuse. Ce dernier cas est celui des ***obsidiennes*** qui, rappelons-le, sont des verres naturels provenant de la consolidation de laves très visqueuses où toute cristallisation se trouve inhibée. Remarquons que ce terme d'obsidienne désigne seulement une texture et n'implique aucune composition particulière ; si on désire préciser le type de roche, il convient d'ajouter un qualificatif, par exemple "obsidienne rhyolitique".

Une autre façon d'aborder l'étude des roches magmatiques, et même la seule dans le cas des roches vitreuses, est de comparer leur composition chimique. Pour ce faire, on réduit un échantillon en poudre à l'aide de broyeurs, puis on attaque une quantité donnée de cette poudre avec des réactifs pour obtenir une solution. Les éléments présents dans cette solution sont ensuite précipités, séchés et pesés en pourcentages d'oxydes : SiO_2, Al_2O_3, etc. Ces oxydes ne correspondent à rien de concret dans la roche initiale, qui était composée de minéraux silicatés. Mais ce sont les éléments présents dans ces silicates maintenant détruits qui fixent les % de précipités obtenus, exprimés en poids d'oxydes, et donc la composition globale de la roche, ou encore celle du magma originel. Inversement, en effet, la composition chimique d'un magma et les conditions thermodynamiques de son refroidissement (température, pression, quantités de *volatils*) déterminent la composition minéralogique de la roche. Pour une composition donnée, il existe des équivalents volcaniques et plutoniques, qui ne diffèrent que par leur texture (par exemple basalte et gabbro, andésite et diorite, rhyolite et granite).

Rien n'empêche d'ailleurs de reconstituer les silicates à partir des poids d'oxydes de l'analyse, en utilisant les éléments caractéristiques de ces minéraux, de façon à comparer les roches entre elles sur une base minéralogique quantitative précise. C'est ce qu'ont fait des pétrologistes américains en mettant au point la ***norme CIPW***, dénommée d'après leurs initiales. On " fabrique " ainsi de l'orthose, dont la formule peut s'écrire $K_2O.Al_2O_3.6SiO_2$, de l'albite, de l'anorthite, du diopside, de l'olivine, etc. Ces *minéraux normatifs* sont plus simples que les minéraux réels et ne leur correspondent pas exactement (on les appelle encore minéraux *virtuels*), mais ils en sont très voisins dans la grande majorité des cas.

Un usage courant consiste à opposer les ***roches basiques*** (moins de 55% de SiO_2 et relativement beaucoup de magnésium) aux ***roches acides*** (plus de 55% de SiO_2 et peu de magnésium), encore que, à la limite, on considère souvent des *roches intermédiaires* contenant 53 à 58% de silice environ. Ces termes trouvent leur origine dans une histoire compliquée des premiers temps de la pétrographie et sont dénués de toute signification chimique, hormis celle précisée ci-dessus. Il a d'ailleurs fallu créer par la suite le terme *ultrabasique* pour désigner les roches du manteau terrestre, encore plus magnésiennes que les basaltes. On distingue encore, d'une part les ***roches à excès de silice*** où, lorsque le silicium a été réparti pour satisfaire aux formules des divers minéraux,

Coulée de basalte prismatique en Islande.

il reste de la silice surabondante (“ sursaturation ” en silice) qui ne peut donc cristalliser que sous forme SiO_2 (quartz ou tridymite), et, d’autre part, les ***roches à déficit de silice***, où au contraire il n’y a pas assez de Si pour “ fabriquer ” des feldspaths : apparaissent alors des minéraux de formule voisine avec moins de Si, les feldspathoïdes, caractéristiques de la “sous saturation” en silice. Il faut insister sur le fait que déficit et excès de silice ne dépendent pas de la valeur brute de SiO_2, mais des valeurs relatives de la silice et de tous les autres oxydes, en particulier Na_2O et K_2O, gros “consommateurs” de silice au niveau des feldspaths.

Les analyses chimiques des principaux types de roches volcaniques, ainsi que les quantités respectives de leurs minéraux normatifs, se trouvent dans le tableau de la page suivante (moyennes d’après Le Maître, 1976).

	Basalte alcalin	Basalte tholeiitique	Andésite	Dacite	Rhyolite	Trachyte	Phonolite
SiO_2	46.53	49.58	57.94	65.01	72.82	61.21	56.19
TiO_2	2.28	1.98	0.87	0.58	0.28	0.70	0.62
Al_2O_3	14.31	14.79	17.02	15.91	13.27	16.96	19.04
Fe_2O_3	3.16	3.38	3.27	2.43	1.48	2.99	2.79
FeO	9.81	8.03	4.04	2.30	1.11	2.29	2.03
MgO	9.54	7.30	3.33	1.78	0.39	0.93	1.07
CaO	10.32	10.36	6.79	4.32	1.14	2.34	2.72
Na_2O	2.85	2.37	3.48	3.79	3.55	5.47	7.79
K_2O	0.84	0.43	1.62	2.17	4.30	4.98	5.24
non dosé	0.54	1.86	1.57	1.49	1.62	2.07	2.37
Total	100.18	100.08	99.93	99.78	99.96	99.94	99.86
Norme :							
Quartz	-	2.29	12.39	22.70	32.90	4.95	-
Néphéline	1.96	-	-	-	-	-	16.52
Orthose	4.90	2.54	9.57	12.82	25.41	29.42	30.96
Albite	20.49	20.05	29.45	32.07	30.04	46.29	35.43
Anorthite	23.77	28.45	26.04	19.99	4.69	7.02	1.51
Diopside	20.73	17.15	4.81	0.06	-	2.13	7.09
Hypersthène	-	18.90	9.52	5.83	1.44	2.15	-
Olivine	18.62	-	-	-	-	-	0.65
Magnétite	4.58	4.90	4.74	3.52	2.15	4.34	4.05
Ilménite	4.33	3.76	1.65	1.10	0.53	1.33	1.18

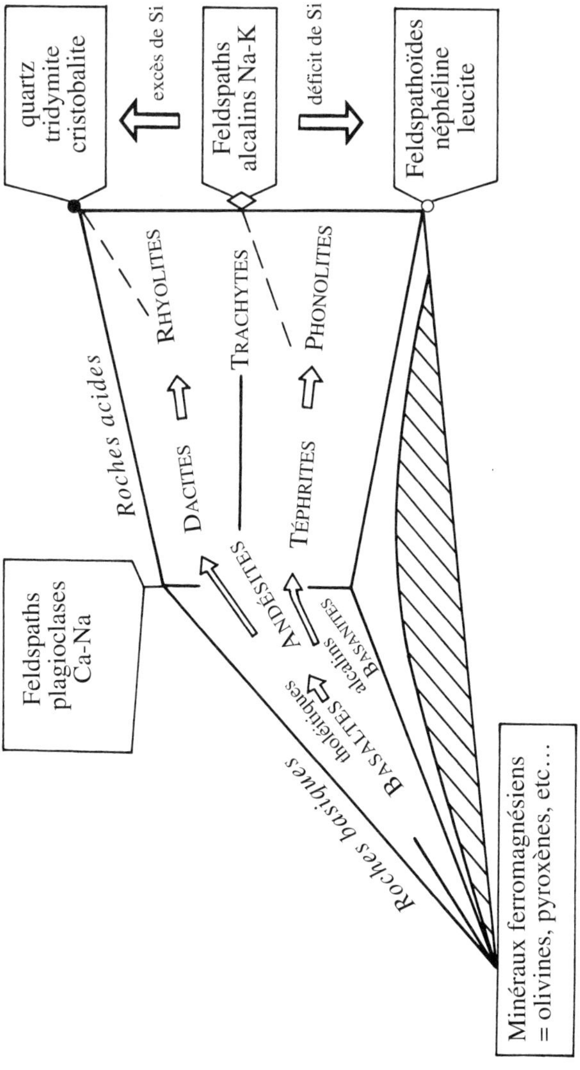

Figure 3-1

Classification minéralogique des roches volcaniques

Andésite vue en lumière polarisée : phénocristaux de plagioclase (noir et blanc) et grains d'amphibole (jaune-orangé) dans une pâte dont les microlites, surtout des baguettes de plagioclase, sont allongés dans le sens du flux (texture microlitique fluidale).

Le ***basalte***, relativement pauvre en silice (45 à 52% de SiO_2) et surtout constitué de pyroxène, olivine et plagioclase (anorthite + albite dans la norme), montre en fait de subtiles différences de composition chimique et minéralogique permettant de le subdiviser à son tour en deux grandes variétés. Un ***basalte alcalin***, avec un peu plus de Na_2O et K_2O (éléments alcalins), est sous-saturé en silice et présente au calcul de la norme une petite quantité de néphéline ; ce dernier minéral est toutefois peu visible dans la roche réelle, car il se trouve confiné dans la pâte. Par différenciation (voir paragraphe suivant), le magma basaltique alcalin peut générer un ***trachyte***, presque uniquement composé de feldspaths alcalins ; un magma très riche en Na_2O et K_2O peut même conduire à une ***phonolithe,*** très déficitaire en silice et renfermant beaucoup de feldspathoïdes (néphéline). Au contraire une ***tholeiite***, ou basalte

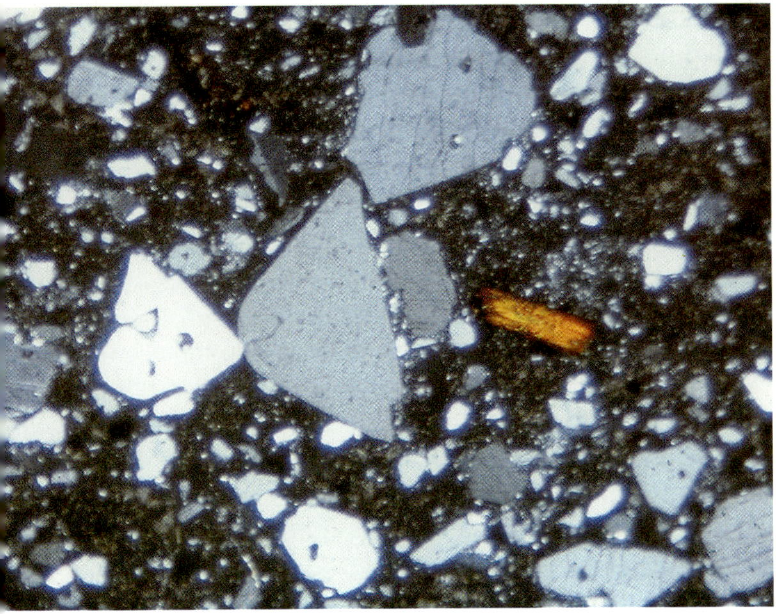

Rhyolite vue en lumière polarisée : phénocristaux de feldspath alcalin (gris, craquelés) et de quartz (blanc), dans une pâte essentiellement vitreuse et sombre. Le minéral orangé, au centre, est du mica biotite.

tholeiitique, contient moins d'alcalins et tend vers l'excès de Si (hypersthène normatif et parfois un peu de quartz, se traduisant dans la roche réelle par des formes de haute température -cristobalite ou tridymite). Une ***andésite*** (53 à 63% de SiO_2) est typiquement sursaturée en silice : outre le plagioclase prédominant et un peu de pyroxène ou d'amphibole, elle contient une quantité significative de tridymite dans sa pâte. Une ***dacite*** renferme encore plus de silice (63 à 68%) dont une partie s'exprime souvent sous forme de quartz. Enfin la ***rhyolite***, équivalent effusif du granite et composée, comme lui, de quartz et feldspaths alcalins, représente la roche volcanique la plus riche en silice (68-75%). Cette nomenclature, dont les limites ne sont pas tout à fait les mêmes selon les auteurs, correspond à des repères parmi des compositions qui varient de façon continue. Les noms composites, indiquant la tendance, sont nombreux : trachyandésite, rhyodacite, etc.

Cristallisation fractionnée et différenciation.

Le chapitre suivant exposera comment sont engendrés les magmas, essentiellement par *fusion partielle* du manteau terrestre. On appelle ***magma primaire*** le liquide ainsi produit, de composition ***basaltique***, et qui n'a subi aucune modification ultérieure. Mais un magma primaire parvient rarement tel quel à la surface du globe car, au cours de son ascension, il rencontre des roches encaissantes de plus en plus froides et a donc tendance à cristalliser. Les diverses espèces minérales apparaissent à des températures différentes, et ce processus de *cristallisation fractionnée* est à l'origine de la *différenciation magmatique.* En effet, si les types de roches magmatiques passent insensiblement des uns aux autres, sans limites tranchées, c'est parce qu'il existe un processus qui fait évoluer en continu la composition des magmas. Ce processus fondamental découle des propriétés physiques particulières des systèmes complexes de silicates. Alors qu'un corps chimiquement pur, comme l'eau, passe de l'état liquide à l'état solide à une température déterminée, la solidification d'un mélange de silicates s'effectue de façon progressive : entre la température où tout est liquide (liquidus) et celle où tout est solide (solidus) se trouve un intervalle de cristallisation, souvent supérieur à une centaine de degrés, où coexistent du liquide et des cristaux.

La ***cristallisation fractionnée*** est le phénomène par lequel les diverses espèces minérales, apparaissant lors de la consolidation d'un magma, cristallisent les unes après les autres, en différentes " fractions ". La nature et l'ordre d'apparition des minéraux dépendent de la composition chimique globale et notamment la quantité de composants volatils, mais aussi de la température et de la pression. Dans un magma basaltique pauvre en volatils et près de la surface du globe, donc à basse pression, l'olivine cristallise d'abord, suivie par les plagioclases riches en calcium, les pyroxènes, etc. D'une manière générale, on voit apparaître, à température décroissante :

olivine **plagioclases calciques**
pyroxènes
amphiboles
plagioclases sodiques
micas
feldspaths potassiques
quartz ou feldspathoïdes

Les minéraux représentés ici sur une même ligne horizontale apparaissent à peu près à la même température.

La ***différenciation magmatique*** est le corollaire de la cristallisation fractionnée. Comme chacun des premiers minéraux formés ne contient que certains des éléments présents dans le magma, la composition du *liquide résiduel* (= ce qui reste liquide) change au fur et à mesure que la cristallisation progresse. Ainsi, dans un magma où cristallise de l'olivine Mg_2SiO_4, le liquide résiduel "s'appauvrit" en magnésium (Mg) tandis que, comparativement, la quantité des autres éléments augmente. On démontre qu'à partir d'un volume donné de basalte s'obtiennent, par cristallisation fractionnée, des quantités décroissantes de *liquides* de plus en plus *différenciés*, appauvris en magnésium, calcium et fer (éléments qui entrent dans les premiers cristaux formés), et passivement enrichis en silicium et en alcalins (potassium surtout) : par exemple, si la moitié (50%) du basalte a cristallisé, le potassium, qui n'entre dans aucun des premiers minéraux formés, aura doublé en concentration dans le liquide, puisqu'il faudra ramener la composition de celui-ci de 50 à 100%. Les liquides résiduels, s'ils sont séparés des cristaux et expulsés par des éruptions ultérieures, pourront donner en surface des *séries* de roches passant insensiblement des unes aux autres, par exemple : basaltes, andésites, dacites, rhyolites. Un mécanisme efficace de séparation des cristaux est leur contraste de densité avec le liquide : l'olivine et les pyroxènes, plus lourds, s'enfoncent à mesure de leur croissance alors que, vers le haut du réservoir, "surnagent" des magmas de plus en plus différenciés.

Par ailleurs, les premiers minéraux formés ne contiennent généralement pas de composants volatils, qui sont obligés de demeurer dans le liquide où leur quantité relative augmente avec la différenciation. Donc, en plus de l'évolution minéralogique, un magma différencié s'enrichit en gaz, ce qui renforce beaucoup son explosivité potentielle.

On comprend, dès lors, l'importance de la différenciation sur les dynamismes éruptifs. C'est le basalte, émis à 1200 - 1100 °C, qui par refroidissement et cristallisation fractionnée donne une composition d'andésite (1100 - 950 °C), plus visqueuse et riche en volatils, donc plus explosive. L'andésite produit à son tour la dacite à 950 - 800 °C, et celle-ci pourra engendrer la rhyolite, terme ultime de la série, qui correspond au magma le plus "froid" (< 800°C), visqueux et riche en gaz. Bien entendu, l'évolution de ces propriétés dépend aussi de la teneur en composés volatils du magma de départ, et certaines andésites peuvent être plus explosives que certaines dacites ou rhyolites. L'interaction de ces différents paramètres - température, viscosité, quantité de composants volatils - est fondamentale dans le comportement des magmas et explique pourquoi deux éruptions, ou même les différentes phases d'une éruption, ne sont jamais identiques. Nous aurons l'occasion de revenir sur ces propriétés des silicates liquides dans le chapitre suivant.

Assimilation et mélanges de magmas.

La différenciation par cristallisation fractionnée, pour importante qu'elle soit, n'est pas le seul processus pouvant modifier la composition d'un magma. Celui-ci peut être "contaminé" par les terrains encaissants qu'il rencontre au cours de sa montée vers la surface, ou encore il peut " assimiler " des fragments de parois du conduit ou du toit du réservoir magmatique, fragments qui sont peu à peu refondus et digérés par le liquide. Ce processus d'***assimilation*** " masse à masse " est toutefois assez rare. Plus souvent, certains éléments seulement s'incorporent au magma, transportés par un fluide qui peut être de l'eau supercritique. On parle alors d'*assimilation sélective*. Un bon exemple est fourni par l'activité récente de l'Etna : alors que ce volcan émettait, depuis des siècles, des laves faiblement différenciées (trachybasaltes) de composition à peu près constante, on constate, à partir de 1971, un enrichissement spectaculaire en potassium (ainsi qu'en éléments traces rubidium et césium), en même temps que la composition globale devient plus basique, deux phénomènes qui semblent contradictoires et en tout cas incompatibles avec la cristallisation fractionnée. L'explication la plus vraisemblable consiste à admettre la migration de potassium contenu dans les terrains métamorphiques gorgés d'eau du soubassement du volcan. L'augmentation du flux magmatique observé depuis la même époque vient conforter cette hypothèse. L'arrivée de plus grandes quantités de magma dans le réservoir profond fracturerait la croûte sus-jacente et permettrait l'injection de magma dans des endroits où celle-ci ne s'était pas encore produite, où les terrains encaissants sont à nu.

On ferait preuve de candeur en s'imaginant que d'abord se met en place un réservoir de magma, qu'ensuite ce dernier se différencie bien sagement et qu'enfin sont émises des laves dont la composition varie de façon régulière. Dans la réalité ces différentes étapes se chevauchent ou se

Mélange de magmas à Montserrat : depuis les profondeurs, des injections de basalte sombre ont pénétré l'andésite claire qui "résidait" dans le réservoir.

télescopent. Tout au plus observe-t-on, en général, l'émission de basaltes " primitifs ", puis, à mesure que le réservoir se différencie, des laves de plus en plus acides. Mais les récurrences vers les compositions basiques sont fréquentes. Celles-ci sont dues à des *réinjections* de basalte à travers un corps magmatique déjà plus ou moins différencié. On peut d'ailleurs, dans certains cas, observer des fragments de *lave rubanée* où alternent des couches basiques de couleur sombre et des parties plus claires. Le plus souvent, un ***mélange de magmas*** ne peut être mis en évidence qu'à la suite d'une étude pétrologique détaillée : des cristaux aux contours arrondis, corrodés, et dont la composition montre qu'ils ne sont pas en équilibre avec le liquide (pâte) qui les entoure, témoignent de l'invasion du réservoir par une réinjection basique. De tels cristaux "étrangers" sont appelés ***xénocristaux***.

Des études récentes ont montré que les mélanges de magmas sont quasiment de règle dans les volcans à laves acides et que ces phénomènes agissent comme cause principale du déclenchement de leurs éruptions. Ainsi l'éruption du Pinatubo en 1991 a-t-elle été provoquée par l'intrusion de basalte neuf dans un réservoir où séjournait depuis des siècles un grand volume de dacite en cours de refroidissement et de différenciation.

La géochimie : éléments en traces et isotopes radioactifs.

La *géochimie* est une science voisine de la pétrologie et qui s'intéresse non pas aux édifices complexes que sont les minéraux et les roches, mais aux éléments chimiques eux-mêmes et à leur répartition dans ces minéraux et roches et, d'une façon plus générale, dans le globe terrestre et l'univers (on parle alors de cosmochimie). C'est une science jeune qui a véritablement pris son essor il y a moins d'un demi-siècle avec l'analyse quantitative précise de tous les éléments et l'élaboration de lois rigoureuses qui régissent leurs comportements dans les processus géologiques. Avec le développement des techniques analytiques, en effet, on s'est aperçu que pratiquement tous les éléments chimiques existent dans les roches magmatiques. C'est ce qui a pu faire dire, par exemple, que les laves contiennent de l'or. Mais ce sont là des ***éléments en traces*** si infimes qu'on exprime leurs quantités en parties par million ***(ppm)***, ou par milliard ***(ppb)***. Ils se substituent en faibles proportions à certains éléments majeurs dans le réseau cristallin des minéraux, ou encore ils occupent des vides, des fractures ou autres défauts du cristal. La diversité de comportement des éléments en traces au cours de la cristallisation fractionnée a permis d'établir des "coefficients de fractionnement" pour chaque élément et d'affiner nos connaissances sur ce phénomène. On a ainsi montré comment se répartit le nickel, en fonction de la température, entre l'olivine, le pyroxène et le liquide dans un magma basaltique. Le rubidium est, comme le potassium, un élément "magmaphile" qui aura tendance à demeurer dans le liquide et est aussi qualifié comme "incompatible", sous-entendu avec le réseau des premiers cristaux formés. En établissant des diagrammes de variation des éléments en traces et en les combinant avec les majeurs on peut caractériser le mieux possible l'évolution des roches d'une province magmatique.

La ***géochimie isotopique*** permet d'étudier le comportement des isotopes d'un même élément chimique. Dans la nature, chaque élément est en fait un mélange de différents isotopes qui ont le même numéro atomique, c'est-à-dire le même nombre de protons dans leurs noyaux, mais des masses atomiques différentes dues à un nombre de neutrons différent. Ce *nombre de masse M* s'écrit en haut et à gauche du symbole de l'élément et caractérise ses divers isotopes : par exemple, pour l'oxygène de numéro atomique 8 il existe trois isotopes ^{16}O, ^{17}O et ^{18}O, pour le potassium ^{39}K, ^{40}K et ^{41}K. Certains de ces isotopes (par exemple

^{40}K) sont radioactifs : ils se désintègrent spontanément, en libérant de l'énergie, selon une constante de temps qui leur est propre et qu'on appelle la *période T*, ou temps nécessaire pour que la moitié des atomes initialement présents soit détruite. Après avoir donné naissance à un ou plusieurs éléments, ils aboutissent à un isotope non radioactif et stable. Dans le cas le plus simple, un isotope radioactif (père) se désintègre en donnant un isotope stable (fils), dit radiogénique, d'un autre élément (par exemple le rubidium 87, ^{87}Rb, se désintègre en strontium 87, ou ^{87}Sr). Une application fondamentale du phénomène de radioactivité a concerné la ***datation absolue*** des roches, de la Terre et du système solaire en général. Car il suffit en principe de mesurer les quantités respectives des deux isotopes, père et fils, radioactifs et stables, pour connaître le temps écoulé depuis la naissance de la roche. Dans la pratique, il a fallu surtout mettre au point des *spectromètres de masse* fiables et très précis pour effectuer de telles mesures, puis choisir des couples radioactifs dont la période est appropriée aux âges en question, enfin éliminer toutes les causes parasites susceptibles de fausser les résultats : altération du matériau, contamination dans la nature ou en cours d'analyse, etc. Nonobstant ces difficultés, on a pu fixer l'âge des parties les plus anciennes des continents à 4 milliards d'années et celui de la formation de la Terre à 4,55 milliards d'années, âge qui est à peu près le même que ceux des météorites, ces embryons de planète dont la composition se rapproche le plus de celle du Soleil.

Une application plus "terre à terre" et cependant très importante des isotopes consiste à les utiliser comme "traceurs" des processus géologiques. Ainsi le rapport $^{87}Sr/^{86}Sr$ d'un basalte récent dérivé du manteau, voisin de 0,703, est-il moins élevé que celui de la croûte continentale ancienne où Rb/Sr est plus élevé (ce qui donne au cours du temps davantage de ^{87}Sr par désintégration de ^{87}Rb en ^{87}Sr). La mesure de ce rapport permet donc d'établir si un magma basaltique actuel a été contaminé pendant son séjour dans la croûte avant son arrivée en surface : il n'est pas rare, en effet, de rencontrer des basaltes continentaux dont le rapport $^{87}Sr/^{86}Sr$ dépasse 0,710. Ces différences peuvent paraître faibles, elles sont néanmoins significatives car, avec les spectromètres de masse actuels, ce rapport peut être précisé jusqu'à la cinquième décimale. Inversement, la constance du rapport des isotopes du strontium dans une série de roches volcaniques est un bon indice de "consanguinité", indiquant que toutes les roches sont bien issues d'un parent basaltique unique par différenciation.

Les volcans ont sans cesse remodelé la croûte terrestre. Les couches d'ignimbrite blanchâtre de Toba, que l'on voit ici, ont recouvert tout le nord de Sumatra il y a 75 000 ans. Cette gigantesque éruption à également perturbé l'atmosphère et accéléré une glaciation en cours.

CHAPITRE 4

LE VOLCANISME, TEMOIN D'UNE PLANETE VIVANTE

LA CHALEUR augmente lorsqu'on s'enfonce à l'intérieur de la Terre. L'accroissement de température, assez variable selon les régions, est en moyenne de 1 °C pour 30 m : c'est le "degré géothermique". Cette augmentation de chaleur, constatée sur les quelques kilomètres superficiels accessibles à l'observation directe (mines, forages), avait conduit les premiers géologues à supposer que tout l'intérieur du globe est rempli de roches fondues et que les laves rejetées par les volcans en sont la preuve. Cette hypothèse était fausse pour deux raisons : d'abord, l'accroissement de température n'est pas linéaire et s'atténue beaucoup avec la profondeur ; ensuite, le point de fusion des matériaux augmente avec la pression, due ici au poids des couches sus-jacentes. Autrement dit, dans les entrailles de notre planète, température et pression agissent en sens inverse : l'une en agitant les atomes a pour effet de liquéfier les corps, l'autre en maintenant ces mêmes atomes cohérents tend à conserver l'état solide. Et presque partout, dans l'intérieur du globe, c'est la pression qui l'emporte. Mais comment peut-on, aujourd'hui, être aussi affirmatif ? C'est que, depuis un siècle, on a beaucoup voyagé à l'intérieur du globe...

Voyage par procuration au centre de la Terre.

Le centre de la Terre, en dépit de ce qu'avait imaginé Jules Verne, restera sans doute inaccessible à des êtres vivants, non seulement en raison des hautes températures, de l'ordre de 5000 °C, mais aussi des formidables pressions qui y règnent : plus de 3500 kilobars, soit environ 3500 tonnes par centimètre carré. Cela représente le poids d'une centaine de gros camions reposant sur le bout du doigt ! Aussi ce fameux voyage à l'intérieur de notre planète ne peut-il se faire que de façon indirecte, en utilisant les informations transmises par des "messagers", un peu comme pour l'exploration de l'espace interplanétaire. Ces messagers qui font pour nous l'impossible descente au royaume des enfers seront essentiellement les ***ondes sismiques***, c'est-à-dire les vibrations du sol engendrées par les grands tremblements de terre.

Profitons ici de l'occasion qui nous est donnée pour bien faire la distinction entre séismes et volcans. Si de nombreux frémissements du sol sont communs sur les volcans, et peuvent être assez violents dans une zone très localisée, les grands tremblements de terre qui parfois ravagent des pays entiers ne résultent pas de l'activité éruptive. Ils ont une cause ***tectonique***, liée à l'accumulation de tensions dans la partie superficielle et cassante du globe. Lorsque ces tensions en un point dépassent la résistance des roches à la rupture se produit un brusque réajustement sous la forme d'un tremblement de terre ou séisme. A partir du point de rupture, ou foyer, se propagent des ondes sismiques susceptibles d'ébranler l'ensemble du globe terrestre. En un lieu assez éloigné du foyer, on enregistre diverses sortes d'ondes qui se propagent à des vitesses différentes. Celles qui arrivent les premières (ondes primaires P) correspondent à des vibrations longitudinales, alternativement compression et dilatation, ou l'inverse, dans la direction même de leur propagation, d'où leur autre qualificatif d'ondes longitudinales. Les ondes " secondes " (ondes secondaires S) vibrent transversalement à leur direction de propagation (ondes transversales) et ne traversent pas les liquides. Dans le détail, les sismologistes sont capables de distinguer de nombreuses formes d'ondes : celles qui sont transmises directement, celles qui se réfractent ou se réfléchissent sur des surfaces correspondant à des changements d'état de la matière à l'intérieur du globe (surfaces de discontinuité), etc. Et surtout, pour chaque type d'onde, la vitesse de propagation est proportionnelle à la nature et en particulier la densité du milieu traversé. C'est ainsi que l'on a pu établir la structure du globe terrestre, comparée assez justement à celle de certains fruits charnus (fig. 4-1) :

• La ***croûte***, correspondant à la peau, n'est qu'une mince enveloppe de 5 à 40 km tout au plus. Elle est surtout constituée, outre l'oxygène, par le silicium et l'aluminium, qui prédominent dans les roches granitiques des continents et les basaltes des fonds océaniques. Sa densité va de 2,7 à 2,9.

• Le ***manteau***, la chair du fruit de notre schéma, entre la base de la croûte et 2900 km de profondeur, représente plus des trois quarts du volume du globe. Oxygène, silicium et magnésium en sont les principaux éléments, bien qu'il renferme en faible quantité tous les autres constituants de la croûte. Le manteau supérieur est constitué par une roche *ultrabasique* appelée ***péridotite***, riche en olivine (minéral du groupe des péridots), mais contenant aussi pyroxènes monocliniques et orthorhombiques, grenats ou un peu de spinelle (un oxyde de magnésium et d'aluminium) ; plus bas, l'augmentation de la pression impose des structures cubiques plus compactes sans grand changement de la composition chimique. La densité du manteau varie de 3,5 à 5 environ.

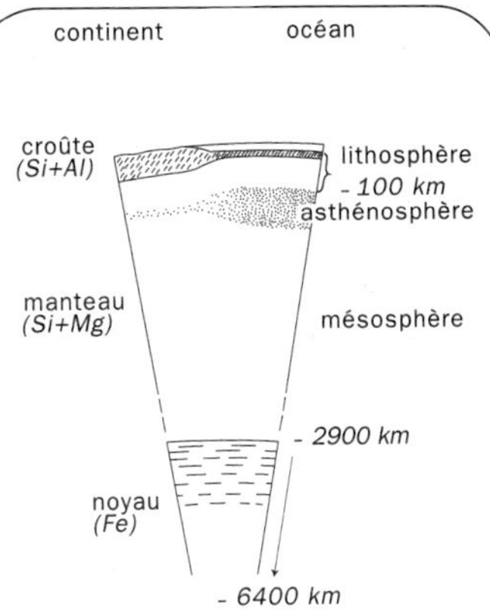

Figure 4-1

Les différentes enveloppes du globe terrestre, suivant leur composition chimique (à gauche) et leurs propriétés physiques (à droite). Le détail du noyau n'est pas représenté.

• Le ***noyau***, jusqu'au centre (6370 km), doit être plus lourd pour équilibrer la densité moyenne de la planète (5,52). Des expériences de laboratoire viennent renforcer les données de la sismologie pour conclure qu'il est formé surtout de fer allié à un peu de nickel ; oxygène et soufre, en faible quantité, sont également des candidats possibles. Rappelons que la température du noyau dépasse 5000 °C.

L'étude des ondes sismiques montre, en outre, que l'essentiel du globe terrestre est à l'état solide, car les ondes "S", arrêtées par les liquides, s'y propagent presque partout. C'est ainsi que l'on a pu démontrer l'erreur de nos ancêtres, qui avaient conçu la fausse image d'une croûte "flottant" sur des roches liquéfiées. En fait seule l'enveloppe externe du noyau, entre 2900 et 5100 km de profondeur, fait écran aux ondes S et doit être constituée de fer en fusion. Cette découverte, toutefois, ne nous apprend rien sur l'origine des magmas et du volcanisme : le fer du noyau est trop profond et trop lourd pour parvenir jusqu'à la surface du globe et, surtout, ce n'est pas du fer métallique que rejettent les volcans, mais des silicates comme dans le manteau. Il n'est donc pas douteux que leur origine soit à rechercher dans le manteau, bien que celui-ci soit essentiellement solide.

La péridotite constituant le manteau supérieur est une roche grenue riche en olivine (vert-jaune). Il s'agit ici de morceaux d'un manteau appauvri en ses composants basaltiques : ceux-ci forment la pâte grise, qui les entoure. C'est l'éruption du basalte qui a remonté au jour les " enclaves " de péridotite.

La physico-chimie des profondeurs : fusion partielle du manteau.

La clé de l'énigme réside dans le comportement particulier des mélanges complexes de silicates. On a vu dans le chapitre précédent que le passage d'un magma à l'état solide se fait par cristallisation fractionnée, les différentes espèces de minéraux apparaissant les unes après les autres. Inversement, la fusion des systèmes silicatés se fait de façon progressive, dans un intervalle de température de plusieurs centaines de degrés entre le point de fusion commençante (point qu'on appelle "solidus", où juste auparavant tout est solide) et celui où tout le mélange finit par se trouver à l'état liquide ("liquidus"). Dans l'intervalle compris entre ces deux points, une partie seulement des minéraux sont fondus :

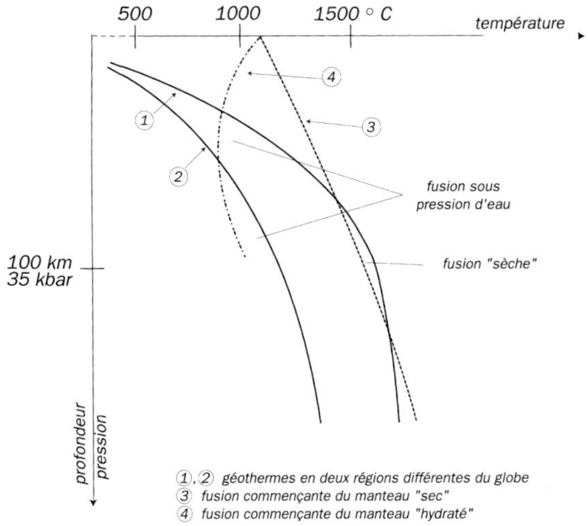

Figure 4-2

Répartition des températures (géothermes), en fonction de la profondeur (km) et donc de la pression (kilobars) dans le manteau terrestre ; le géotherme (1) correspond à une région de flux de chaleur élevé, le géotherme (2) à une région de faible flux de chaleur. Il n'y a production de magma que si un géotherme dépasse la fusion commençante du manteau : celle-ci est représentée par la courbe (3) pour un manteau "sec" et par la courbe (4) pour un manteau très "humide", saturé en eau. On voit que seul le géotherme 1 dépasse la courbe (3) vers 100km de profondeur ; par contre un manteau humide (4) fondra dans les deux cas (1 et 2).

on parle de ***fusion partielle***. Comme solidus et liquidus dépendent de la température, certes, mais aussi de la pression, car à des pressions croissantes correspondent des points de fusion de plus en plus élevés, on peut tracer des courbes de solidus et liquidus en fonction de la pression et donc, à l'intérieur du globe, en fonction de la profondeur (fig. 4-2). Ces courbes sont établies à partir d'expériences de laboratoire où l'on fait fondre dans des autoclaves différents types de roches ultrabasiques supposées représentatives du manteau. On peut tracer de la même façon la répartition théorique des températures en fonction de la profondeur, que l'on appelle ***géothermes*** et qui sont établies en fonction de calculs basés sur la conductivité thermique des roches.

Dans l'intérieur du globe, lorsqu'un géotherme dépasse le solidus, seuls commencent à fondre les minéraux les plus fusibles. Ces conditions sont réalisées vers 100 km de profondeur, où la température est déjà élevée (environ 1300 °C), et la pression pas encore trop forte (35 kilobars, ce qui représente néanmoins à peu près 35 tonnes par cm^2). On observe dans cette zone une réduction sensible de la vitesse des ondes sismiques - d'où son autre nom de ***zone à faible vitesse*** -, ce qui confirme une infime fusion du manteau (quelques %), suffisante pour altérer la propagation des ondes sismiques, non pour les arrêter : voilà pourquoi ces ondes se propagent à travers le manteau comme dans un solide.

Au point de vue chimique, le phénomène de fusion partielle conduit à produire des liquides de composition différente de celle de la ***péridotite***, roche ultrabasique qui caractérise le manteau supérieur. En effet, les premiers minéraux qui fondent contiennent moins de magnésium que la péridotite "globale" et davantage d'aluminium, calcium et surtout alcalins (sodium, potassium). Alors que le manteau a une composition ***ultrabasique***, ses liquides de fusion partielle, dans les conditions thermodynamiques actuelles du globe qui interdisent d'en fondre plus d'un quart environ, sont de composition *basique* et même basaltique au sens large. De nombreuses expériences de laboratoire ont permis de vérifier ce point capital, qui s'accorde par ailleurs avec l'observation faite depuis longtemps par les géologues, à savoir que la roche volcanique la plus commune est justement le ***basalte***. Ainsi se trouve donc confirmé que le ***magma primaire***, celui qui peut être à l'origine de tous les autres par cristallisation fractionnée, est essentiellement produit dans le manteau : il a une origine *mantellique*.

La couche pouvant être affectée par la fusion commençante du manteau, entre 100 et 300 km environ de profondeur, a des propriétés mécaniques très particulières. Le film de matériau fondu qui se développe entre les grains minéraux affaiblit leur cohésion et en fait un milieu sans résistance, éminemment déformable. Les géophysiciens l'appellent "asthénosphère" (du grec *asthénès* = faible, peu résistant). Son existence conduit à un nouveau " découpage " du globe, basé non plus sur des discontinuités majeures de composition chimique, mais sur des propriétés physiques différentes :

• La ***lithosphère*** comprend *la croûte et la partie supérieure du manteau*, celle qui est située au-dessus de l'asthénosphère. Froide et cassante, la lithosphère se comporte comme un milieu rigide. Elle est le siège de ruptures qui constituent les foyers des grands tremblements de terre tectoniques.

• L'***asthénosphère***, grâce à sa mince pellicule fondue jouant le rôle de lubrifiant entre les grains minéraux, est un milieu instable et relativement mobile.

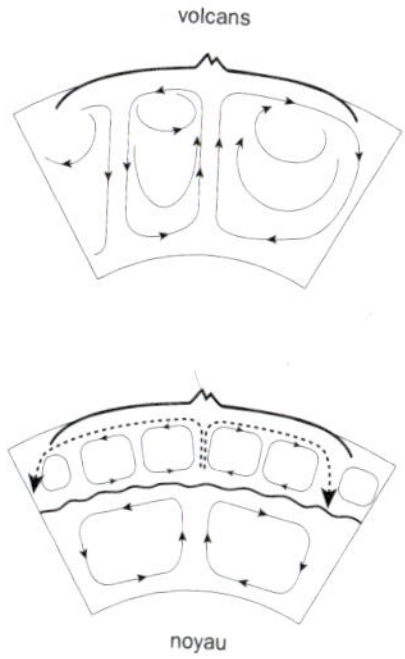

Figure 4-3

Deux modèles de convection du manteau sous l'action de la chaleur du noyau.

• La ***mésosphère*** correspond au reste du manteau. Solide, mais soumis à de hautes pressions et températures, le manteau profond reste assez plastique, lui aussi, pour être le siège de lents mouvements de masse. Comme la glace qui, bien que solide, "coule" si on la considère à grande échelle d'espace (le glacier) et de temps (plusieurs siècles), le manteau, à l'échelle de la planète tout entière et pendant les millions d'années des temps géologiques, est capable de "convection à l'état solide". En certains endroits du globe, des "courants" extrêmement lents, de l'ordre de quelques centimètres par an, entraînent la matière chaude des profondeurs vers les régions superficielles, tandis que d'autres mouvements assurent un transport horizontal et que d'autres encore font descendre la matière refroidie, et donc plus lourde, vers les tréfonds (fig. 4-3).

Cette convection mantellique est induite par la chaleur du noyau, qu'elle contribue à évacuer. D'où provient la chaleur centrale ?. D'abord des chocs de petits corps qui se sont agglomérés en planète et de la "ségrégation" du fer dans le noyau. On invoque souvent, aussi, la désintégration d'éléments radioactifs : mais ceux-ci sont concentrés dans la croûte, n'existent qu'en traces infimes dans le manteau et il n'est même pas certain qu'il y en ait dans le noyau. Toutefois la masse du manteau est énorme et, aux premiers temps d'existence de la Terre, les éléments radioactifs étaient plus abondants car ils comprenaient ceux à vie courte, ce qui a contribué à maintenir la chaleur terrestre. Restent la chaleur latente de cristallisation du noyau interne (graine) et la concentration en éléments légers dans le liquide, ce qui libère de l'énergie gravitationnelle.

Genèse et montée du magma basaltique ; causes des éruptions.

La convection du manteau a une importance fondamentale dans la genèse du magma basaltique. C'est elle qui fournit, en certaines régions seulement, l'apport de chaleur et la décompression nécessaires pour obtenir une fusion un peu plus prononcée au niveau de l'asthénosphère (géotherme n°1 sur la fig. 4-2). Il s'en suit, dans ces régions, une série de déséquilibres, une véritable chaîne de réactions. D'abord, au point de vue gravitationnel : le liquide basaltique engendré possède une densité (3 environ, sous une pression de 30 kbars) inférieure à celle (3,5) du manteau solide environnant. L'ensemble affecté par le processus de fusion va donc avoir tendance à monter, sous la forme d'une espèce d'énorme boule ou ***diapir***, un peu à la manière de l'huile renfermée dans certaines lampes chauffantes de décoration. Comme la dissipation de chaleur est insignifiante par rapport à la vitesse de montée, la fusion va en s'accélérant, par suite de la diminution de pression. Des calculs théoriques suggèrent que le diapir peut atteindre jusqu'à 20-30% de fusion lorsqu'il arrive à 30 km de la surface, c'est-à-dire sensiblement à la base de la croûte continentale, où la pression est de 10 kbars. A ce moment, les "résidus" réfractaires à la fusion, ou fragments du manteau demeurés solides, ne sont plus soutenus par le liquide basaltique beaucoup moins dense qu'eux (2,7 contre 3,3). Ils s'accumulent en bas du diapir, terminant du même coup le processus de fusion. Vers le haut se constitue un *réservoir magmatique*, rempli de basalte fondu.

L'arrivée d'une masse considérable de matière exerce à la base de la croûte des tensions énormes qui d'abord la déforment et peuvent aller jusqu'à sa rupture. Si tel est le cas, c'est la voie ouverte à l'éruption volcanique. Une rupture correspond à une brusque décompression du toit du réservoir : elle provoque une nouvelle suite de réactions, cette fois extrêmement brutales. Les *composants volatils*, qui étaient en majorité dissous et invisibles dans le liquide magmatique, se mettent à former des bulles gazeuses, de plus en plus nombreuses, de plus en plus grosses : c'est le phénomène que l'on compare volontiers au

Lac de lave du Kilauea en 1988 (diamètre : environ 150 m). Sous une mince croûte de refroidissement superficiel, le basalte fondu est brassé par de puissants mouvements de convection.

débouchage d'une bouteille de champagne. Or, l'apparition d'une *phase gazeuse* a une double conséquence sur l'état physique du magma : 1) une diminution considérable de sa densité globale (liquide + bulles) ; 2) corrélativement, une augmentation drastique de son volume. Il s'en suit l'éjection brutale vers le haut de la partie supérieure du corps magmatique, qui ne peut plus être contenu dans un espace soudain trop étroit. Les gaz se dégagent en masse et entraînent avec eux, en les fragmentant, des portions liquides de magma (lambeaux de lave, bombes, scories...), les pulvérisant même sous forme de " cendres " ou poussières. Ces *produits de projection,* ou produits *pyroclastiques*, s'accumulent autour du point de sortie et construisent un *cône éruptif,* tandis que le *liquide fortement dégazé* (la *lave* au sens strict) déborde du cratère ou s'épanche par des fissures du cône pour former des *coulées* (cf chapitre 1).

A ce mécanisme très général se superposent des facteurs qui, selon les cas, peuvent accélérer ou retarder le déclenchement d'une éruption. Un corps magmatique se refroidissant et cristallisant dans la croûte terrestre subit une augmentation de sa tension de vapeur, car les composants volatils se trouvent confinés dans une phase liquide réduite : cette augmentation de pression peut suffire à fracturer les roches sus-jacentes. Dans un réservoir de magma acide en cours de différenciation, la réinjection par dessous de basalte plus chaud induit de violents mouvements de convection. Ce ***mélange de magmas*** entraîne vers le haut un liquide nouveau, riche en produits volatils et qui, par réduction de la pression de charge, devient souvent sursaturé en gaz, d'où nouvelle possibilité d'éruption.

Si l'on a des idées assez claires sur l'origine et les modalités du volcanisme dans ses grandes lignes, comprendre en revanche le déroulement d'une crise éruptive particulière est autrement ardu. En effet, de très nombreux paramètres interviennent : résistance des roches à la fracturation, quantité de magma arrivant près de la surface, sa teneur en éléments volatils, son état physique, notamment sa viscosité, laquelle dépend non seulement de la composition chimique mais aussi et surtout de la température, qui dépend à son tour de la vitesse d'ascension, du volume de magma mis en jeu, etc. Ces variables sont rarement appréhendées, quand cela même est matériellement possible, avec la rigueur et la célérité nécessaires : c'est ce qui fait toute la difficulté des prévisions volcanologiques.

Accrétion et *subduction* de lithosphère.

On ne soupçonnait pas, jusque vers la fin des années 1960, l'importance planétaire des volcans. L'exploration du fond des océans, la découverte de reliefs linéaires - les ***dorsales*** ou ***rides*** - se propageant au milieu de ceux-ci sur des milliers de kilomètres, la nature basaltique de la croûte océanique, son âge croissant de part et d'autre de chaque dorsale, ont amené peu à peu les géologues à considérer que l'origine même de ces structures résulte du volcanisme et, d'une manière plus générale, de la dynamique interne de la Terre. Au-dessus des courants ascendants de la convection du manteau, où l'apport de calories est maximal, se trouvent les régions les plus chaudes de l'asthénosphère. Le liquide basaltique y est engendré à un rythme soutenu, monte, s'accumule sous la croûte, la fracture et s'injecte dans ces fissures de façon répétée. Si le phénomène se produit sous un continent, celui-ci finit par se scinder en deux parties séparées par un ***rift***, ou grand fossé d'effondrement délimité par des failles. Au fond du rift s'épanche, par venues successives, le basalte fondu. A une vitesse qui peut atteindre jusqu'à plus de 18 cm par an, les deux blocs continentaux s'écartent irrésistiblement, la mer envahit le rift et ***l'accrétion*** océanique, c'est-à-dire la fabrication de la croûte, se poursuit au fond des eaux. On a calculé que les basaltes sous-marins représentent à peu près les trois quarts des laves rejetées à la surface du globe. Ils constituent la quasi-totalité des planchers des océans, qui se construisent ainsi au fil des temps géologiques. Ainsi l'Océan Atlantique a-t-il commencé à se former, il y a quelque 180 millions d'années, par la séparation de l'Amérique et de l'Afrique. Ainsi s'est trouvée confirmée, avec un demi-siècle de recul, la prophétique vision de Wegener, pour qui les continents "dérivent" sur un substratum visqueux. En réalité, l'ensemble de la croûte, continentale ou océanique, et du manteau lithosphérique sous-jacent sont entraînés par la dérive. L'asthénosphère rend ce mouvement possible : son mince film de matériel fondu, affaiblissant la cohésion entre les grains minéraux, les assimile à une sorte de gigantesque roulement à billes sur lequel glisse lentement la lithosphère.

Que devient l'énorme quantité de matière océanique créée par les quelque 60 000 km de dorsales ? Elle retourne dans le manteau profond grâce aux ***zones de subduction*** situées à l'aplomb des branches descendantes des cellules de convection. Le phénomène est facilité, voire initié, par le refroidissement progressif de la lithosphère océanique à mesure qu'elle s'écarte de la dorsale nourricière, refroidissement qui finit par la rendre plus lourde que l'asthénosphère. C'est pourquoi le plancher des océans a une durée de vie limitée, de l'ordre de 200 millions d'années. Toujours pour des raisons de contraste de densité, la subduction se produit souvent à la limite d'un continent (ou ***marge continentale***, comme l'ouest de l'Amérique) : c'est la lithosphère océanique, plus dense, qui plonge sous la lithosphère continentale. On peut cependant observer la subduction sous une autre lithosphère océanique, de nature légèrement différente : la manifestation du phénomène en surface constitue alors un ***arc insulaire***, ou chapelet d'îles en majorité volcaniques (Antilles, Indonésie et une grande partie de la " ceinture de feu " du Pacifique : Nouvelle Guinée, Mariannes, Philippines...).

Lorsque des continents s'affrontent, ils sont trop légers pour subir une subduction notable : il y a ***collision***, comme dans l'Himalaya. Un dernier type de mouvement pouvant affecter la lithosphère concerne le coulissage horizontal d'un bloc par rapport à un autre le long d'une ***faille transformante***. Aux abords de ces zones tourmentées s'exercent des forces gigantesques. Elles aboutissent à des plissements de la lithosphère (chaînes de montagnes) et leur action se révèle par des tremblements de terre souvent catastrophiques. Le phénomène de *subduction* provoque, en outre, la formation de *volcans explosifs* dont les magmas, visqueux et riches en gaz, sont le plus souvent éjectés dans les airs sous forme de projections.

La dorsale médio-atlantique affleure en Islande où elle se révèle par des fissures d'extension et l'émission abondante de basaltes. Ici, la région de Thingvellir.

Le Colima (Mexique), comme la plupart des volcans de zones de subduction, est constitué par un complexe de projections, dômes et coulées andésitiques.

Origine des magmas dans les zones de subduction : la fusion partielle en présence de "volatils".

A ce sujet, il peut paraître surprenant de voir se manifester le volcanisme au-dessus de courants descendants de matière, dans une zone refroidie, en outre, par l'introduction de lithosphère océanique à basse température. Là encore, on ne peut comprendre l'origine des magmas dans les zones de subduction, ceux qui sont parmi les plus explosifs et qui alimentent la quasi totalité des volcans de la fameuse ceinture de feu du Pacifique, sans avoir recours à la pétrologie et en particulier la physico-chimie des silicates. Les expériences de laboratoire ont montré que la température de fusion d'une roche se trouve abaissée de façon considérable, jusqu'à plusieurs centaines de degrés, par la présence d'éléments volatils. La figure 4-2 (page 95) montre l'évolution de la température de fusion commençante du manteau ("solidus") lorsque, à mesure que la profondeur et donc la pression s'accroissent, on peut y introduire de l'eau. Loin d'augmenter avec la pression comme dans le cas du manteau "sec" (courbe n° 3), le solidus du manteau

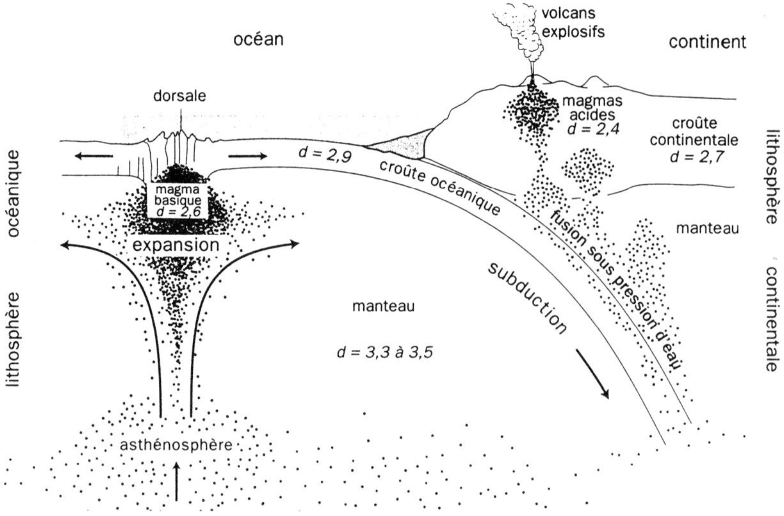

Figure 4-4

Les deux grands types de volcanisme

"humide" (courbe n° 4) commence par diminuer jusqu'à ce que la quantité limite de l'eau que peut absorber la roche soit atteinte : on dit alors que le système est saturé en eau. Il est certes exceptionnel et peu probable que le manteau réel arrive à saturation, néanmoins de très faibles quantités d'eau, de l'ordre de 0,1 %, sont suffisantes pour abaisser considérablement la température de fusion commençante à toutes les profondeurs.

Or, les roches entraînées par le phénomène de subduction appartiennent, pour une bonne part, à la croûte océanique : ce sont des basaltes ou gabbros gorgés d'eau, de chlorures, de sulfates, etc., et donc extrêmement riches en composants volatils. Si bien que la croûte océanique, réchauffée et "métamorphisée", c'est-à-dire transformée en un assemblage d'autres minéraux, sans grand changement de sa composition globale, va commencer à fondre. Plus encore, c'est le manteau coincé au-dessus de la lithosphère plongeante qui, traversé par les fluides provenant de la "déshydratation" de celle-ci, va générer un liquide basaltique riche en composants volatils. Au cours de sa longue et laborieuse montée vers la surface, ce basalte subit plusieurs stades de ***différenciation***, pour aboutir à des ***magmas acides***, contenant de plus en plus de silice, et aussi de gaz potentiels : ainsi s'explique l'abondance des ***andésites*** ou ***dacites*** vomies par les volcans des zones de subduction. Si le phénomène a lieu sous la croûte continentale, la base de celle-ci peut être affectée par la fusion : des magmas encore plus acides pourront être produits, donnant par refroidissement des ***rhyolites***. C'est l'un des rares cas où le magma primaire n'est pas de composition basaltique.

Tectonique des Plaques et différents types de volcanisme.

Les zones d'expansion représentées par les dorsales océaniques d'une part, les zones de subduction ou de collision d'autre part, délimitent en surface une quinzaine de grandes ***plaques lithosphériques***. On a pu en tracer approximativement les contours. Si, dans le détail, de nombreux problèmes restent en suspens, la théorie de la *Tectonique des Plaques ou Tectonique Globale* a été d'un apport considérable pour les sciences de la Terre : elle propose un dénominateur commun pour des phénomènes aussi variés que les transferts internes de matière et d'énergie, l'évolution des océans, la surrection des montagnes, la sédimentation, la répartition géographique des animaux et végétaux anciens ainsi que, bien entendu, la distribution des séismes et des volcans. Ces derniers, conformément à ce que nous venons de voir, se localisent dans leur majorité aux frontières des plaques lithosphériques : soit à l'aplomb des zones d'expansion (accrétion océanique), soit au voisinage des zones de subduction. Les régions de collision ou de coulissage, sous compression, ne sont ordinairement pas volcaniques. Les effusions de basaltes observées à l'intérieur de certains continents (est de l'Afrique, Mer Rouge) peuvent être rattachées aux tout premiers stades de la formation d'une dorsale ou, si elles sont très anciennes, à des tentatives "avortées" d'ouverture océanique.

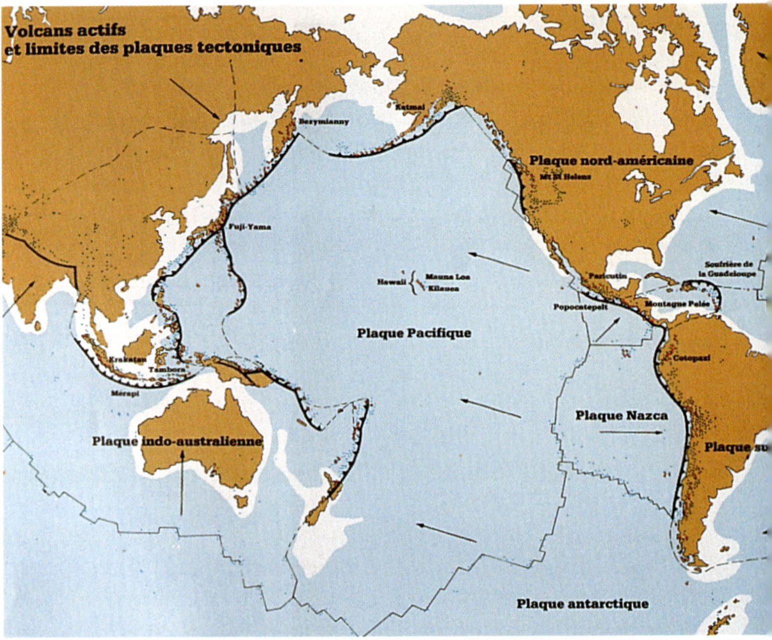

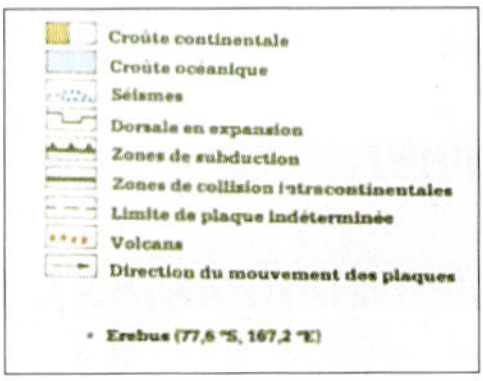

Figure 4-5

Tectonique des Plaques
(document C.N.R.S.)

Cependant, il existe des ***volcans intraplaques*** qui n'ont manifestement aucune relation ni avec les dorsales, ni avec les zones de subduction : par exemple les îles Hawaii, au milieu du Pacifique, ou le complexe du Yellowstone sur le continent nord-américain. On imagine qu'ils sont la manifestation de ***points chauds*** correspondant à des remontées rapides et très localisées de matière depuis les régions profondes du globe, probablement de l'interface noyau/manteau. Si, dans une toute première approximation thermodynamique, on assimile le manteau à l'eau d'une casserole chauffée par dessous, accrétion et subduction correspondraient à un mouvement lent et équilibré de l'eau, alors que les points chauds

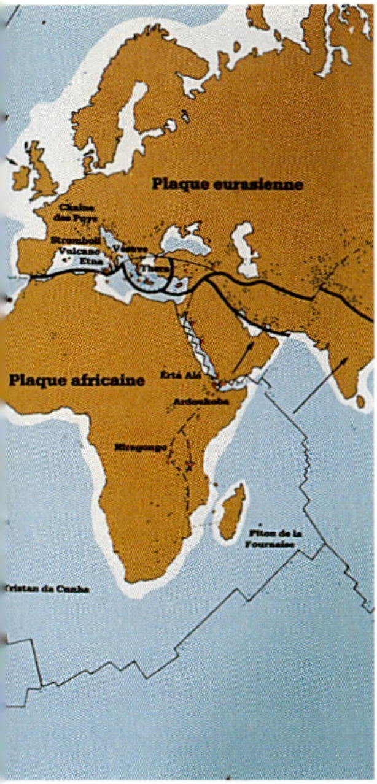

seraient les zones turbulentes dues à un chauffage plus énergique. L'étude de ce genre de volcans ne fait que commencer et les avis divergent, ne serait-ce que sur leur nombre : quelques-uns à plus d'une centaine selon les auteurs. Peu productifs actuellement (Hawaii est une exception), les points chauds sont toutefois responsables des ***inondations de basaltes*** qui, à diverses époques géologiques, ont envahi le fond des mers ou recouvert des continents entiers. Les plus anciens de ces grands épanchements basaltiques que l'on connaisse sont ceux de Sibérie vers -250 millions d'années (Ma). A -125 Ma les 30 ou 40 millions de km^3 de l'Ontong Java ont recouvert le fond du sud-ouest du Pacifique : de quoi enfouir toute l'Europe

Le point chaud d'Hawaii est à l'origine de volcans basaltiques, comme le Kilauea (au premier plan), dominé par la masse énorme de son "frère aîné", le Mauna Loa.

sous 5 km de coulées ! On a déjà parlé des trapps du Dekkan émis à -65 Ma. Les dernières inondations basaltiques sont celles de Columbia River, dans l'ouest des Etats Unis, à -15 Ma. A quand le prochain cataclysme ? Pour le troisième millénaire, peut-être, ou dans quelques millions d'années... Mais revenons au temps présent afin de mieux cerner l'influence du contexte géodynamique sur les divers types de volcanisme.

Eruptions effusives des régions en distension : basaltes chauds et fluides.

Dans les régions de points chauds ou dorsales et plus généralement dans les zones d'extension crustale, les magmas basaltiques formés lors de la remontée du manteau sont, lorsqu'ils atteignent la surface, à haute température (1 200 à 1 100 °C) et relativement peu visqueux. Les bulles gazeuses s'en dégagent au fur et à mesure de leur formation, en provoquant un jaillissement plus ou moins continu. Ce sont les spectaculaires *fontaines de feu* des volcans hawaiiens ou ces incessantes *explosions stromboliennes*, qui éjectent lambeaux de lave et scories à quelques dizaines ou quelques centaines de mètres de hauteur. Mais si - géologiquement parlant - ces phénomènes explosifs sont de peu d'ampleur, les *épanchements de lave*, par contre, sont souvent d'une extrême puissance. Les coulées peuvent parcourir plus de cent kilomètres, s'étaler sur d'immenses surfaces et représenter des volumes énormes : on a vu au chapitre premier l'exemple du Laki (Islande) en 1783.

Encore plus typiquement *effusif* est le volcanisme des dorsales médio-océaniques profondes. Malgré son importance, il est tout à fait discret. La contre-pression due à la couche d'eau interdit tout dégazage explosif. Tout au plus on y observe seulement des sources très chaudes (jusqu'à 350°C) chargées de poussières métalliques, manganèse surtout, précipitées au contact de la mer, qui donnent l'illusion de panaches de fumée. En cas d'éruption, le magma s'insinue dans les fissures de la croûte terrestre et se répand de façon tranquille sur les fonds marins. Il est consolidé presque instantanément en surface par le refroidissement et sa progression se fait à travers un réseau complexe de tubes et de boyaux, ou grâce à des boursouflures successives appelées ***pillow-lavas*** (= laves en oreillers). Ce n'est donc pas une éruption au sens strict, mais plutôt un genre particulier d'intrusion horizontale, comme entre deux couches de terrain de propriétés différentes. L'existence de ces ***basaltes abyssaux***, soit dit en passant, montre bien que les gaz ne sont pas la cause première du volcanisme : la remontée du magma se fait grâce à la différence entre la densité du basalte fondu (2,6) et celle de la croûte océanique (2,9).

L'activité volcanique sous-marine ne se manifeste en surface qu'au voisinage des sections émergées de dorsales. Alors peuvent naître des îles nouvelles comme Surtsey (1963), au sud de l'Islande. Tant que la bouche éruptive est envahie par la mer, l'action de la vapeur d'eau s'ajoute à celle des gaz magmatiques pour renforcer considérablement l'explosivité, avec production de cendres abondantes (explosions *hydromagmatiques* ou plus généralement *phréatomagmatiques*). Rappelons que le phréatomagmatisme peut également avoir lieu sur la terre ferme, si le sous-sol est gorgé d'humidité. C'est surtout par ce mécanisme que certaines éruptions basaltiques causent parfois des victimes. Au Laki (1783), la vapeur d'eau phréatique s'ajouta à l'énorme quantité de gaz sulfureux produit par une éruption de grande ampleur pour pulvériser le magma en cendres qui anéantirent la végétation : il en résulta la perte du bétail et une famine où périrent plus de 10 000 personnes.

Eruptions explosives dans les zones de subduction : magmas acides, moins chauds et riches en gaz.

Les grandes éruptions explosives, toutefois, sont l'œuvre des *magmas acides*, visqueux et riches en gaz, principalement les *andésites, dacites et rhyolites* engendrées dans les zones de subduction. On a vu que la fusion y est obtenue grâce à la présence d'éléments volatils et que ces magmas sont relativement “froids” : de l'ordre de 1 000 °C et souvent même 900, 800 °C ou moins encore. Or, dans les silicates liquides, la viscosité se trouve multipliée par dix pour une baisse de température d'une centaine de degrés. En outre, la plus grande richesse en silicium de ces magmas conduit à une plus forte cohésion des liaisons chimiques, donc à une viscosité supérieure à celle des basaltes, pour une température donnée. Enfin, la forme concave de la courbe de fusion d'une roche “ hydratée ” (fig. 4-2), si elle facilite la liquéfaction en profondeur, entraîne un début de solidification par cristallisation à basse pression près de la surface. Pour toutes ces raisons, les magmas des zones de subduction peuvent être jusqu'à un million de fois plus visqueux que ceux, basiques, produits à l'aplomb des points chauds ou des rifts.

Seule agit en sens inverse la richesse des magmas acides en éléments volatils : plus ces derniers sont abondants, plus la viscosité diminue. Cependant, pour qu'un magma acide soit aussi fluide qu'un basalte, il lui faudrait renfermer une quantité de "volatils" anormalement élevée, par exemple plus de 6 % d'eau dans une dacite à 900 °C. Aussi, sans exclure la possibilité d'éruptions dont le caractère cataclysmique résulte d'une excessive richesse en gaz, il s'avère que l'explosivité dans les magmas acides est liée avant tout à leur forte viscosité.

Ce dynamisme essentiellement explosif des zones de subduction est à l'origine de la plupart des grandes catastrophes humaines. Le Nevado del Ruiz (Colombie, 1985), la Montagne Pelée (Martinique, 1902) et le Krakatau (Indonésie, 1883) ont déjà été évoqués pour les ravages qu'ils ont occasionnés. C'est toujours en Indonésie qu'eut lieu la plus puissante des éruptions historiques, celle du Tambora qui, les 10 et 11 avril 1815,

L'Indonésie correspond à une vaste zone de subduction exceptionnellement riche en volcans : ici, les cônes du Bromo (fumée blanche) et du Batok, dominés par le Semeru dont le panache remplit l'horizon.

Saint-Pierre de la Martinique, aujourd'hui, ne compte plus que quelques milliers d'habitants ; au fond, la Montagne Pelée.

vomit 150 km^3 de produits de projections. L'énergie libérée correspond à celle de 30 000 mégatonnes (millions de tonnes) de TNT, soit mille bombes thermonucléaires. La vidange quasi instantanée du réservoir magmatique, probablement situé à quelques kilomètres seulement de profondeur, provoqua l'effondrement du sommet en une immense caldeira (voir photo page 23) et fit perdre au volcan près de mille mètres d'altitude. Les nuées ardentes qui dévalèrent les pentes anéantirent plusieurs villages, causant plus de 10 000 morts ou disparus. Mais un nombre bien plus considérable de personnes périrent de façon *indirecte*, après l'éruption. En effet les retombées de ponces et de cendres détruisirent les récoltes, non seulement dans l'île de Sumbawa, où se trouve le volcan, mais également, vers l'ouest, à Lombok, Bali et même une partie de Java. Il en résulta une famine générale, des épidémies, et quelque 50 000 victimes supplémentaires.

On sait par les études géologiques que des éruptions plus gigantesques encore ont eut lieu dans les derniers milliers ou dizaines de milliers d'années, autant dire hier à l'échelle de temps de la planète. Il y a 6800 ans le mont Mazama, dans la Chaîne des Cascades (ouest des Etats-Unis), fut presque complètement détruit ; à sa place existe aujourd'hui une caldeira d'une dizaine de kilomètres de diamètre dont le fond est occupé par les eaux bleues, extraordinairement calmes, d'un lac magnifique, le "Crater Lake". Et dans le nord de Sumatra, encore en Indonésie, se produisit la "super" éruption de Toba il y a quelque 75 000 ans : on estime que dans un intervalle à peine supérieur à deux semaines furent émis 2800 km^3 de magma, soit environ le triple de produits gonflés par les gaz en expansion (ponces et coulées pyroclastiques). Un tel volume est véritablement colossal, il représente plus de dix fois un grand édifice comme l'Etna, et cela en une seule éruption ! La caldeira qui en a résulté, de 100 km de long sur 30 de large, a elle aussi été remplie par un lac entourant une grande île, Samosir, qui correspond à la partie centrale et imparfaitement effondrée du toit du réservoir primitif. Tout autour affleurent des couches d'ignimbrite blanchâtre, dont la puissance se compte en centaines de mètres. Les recherches les plus récentes nous apprennent que des éruptions de magnitude semblable se sont renouvelées à plusieurs reprises dans l'histoire de Toba et ne laissent rien présager de bon pour l'avenir à plus ou moins longue échéance.

Influence du volcanisme sur le climat mondial.

Après de tels cataclysmes, les poussières et les aérosols acides (sulfuriques surtout) injectés dans la stratosphère font écran au rayonnement solaire et peuvent entraîner de sévères perturbations climatiques à l'échelle du monde entier. Il n'est évidemment pas facile de distinguer l'effet volcanique des multiples causes de variabilité du climat, parfois même en l'absence de statistiques fiables. Le refroidissement atmosphérique a néanmoins été estimé, aux latitudes moyennes et sur l'ensemble du globe, à 0,6 °C après l'explosion du Krakatau et à 1 °C après celle du Tambora. Ces chiffres peuvent paraître bien modestes, mais il faut considérer qu'ils s'appliquent à des moyennes mondiales. Les effets constatés dans la vie de tous les jours sont sans doute plus parlants. L'année 1816, qui suivit l'éruption du Tambora, fut appelée en Europe "l'année sans été". Dans une région comprise entre l'Irlande et le sud de la mer Baltique, la pluie tomba quasiment tous les jours de mai à octobre. En France, la température moyenne à Paris pour les mois de juillet et août ne dépassa pas 15,5 °C, soit près de 4 °C en dessous des valeurs normales. Ce mauvais temps fut à l'origine de récoltes désastreuses. Les dates des vendanges dans les différentes régions viticoles françaises, helvétiques et allemandes, qui sont fonction des températures printanières et estivales, furent les plus tardives depuis cinq siècles. Les moissons subirent des retards considérables. Dans certaines régions, elles ne purent avoir lieu, le blé n'ayant pas mûri : ce fut le cas en Lorraine et dans certaines régions montagneuses. Ce refroidissement, qui se prolongea en 1817 avec une intensité moindre, entraîna une poussée des glaciers dans les Alpes, notamment dans la vallée de Chamonix. On retrouve des moraines frontales de l'ultime poussée du glacier des Bois, aujourd'hui disparu, à moins de 20 m d'une maison du hameau des Praz. Sur une de ces moraines, la date de 1820 a été gravée. La limite de la banquise arctique s'étendit aussi vers le sud.

Les éruptions récentes du Chichon (Mexique) et du Pinatubo (Philippines) ont permis de préciser cet aspect du volcanisme grâce aux mesures effectuées par les satellites. L'explosion relativement modérée du Chichon, le 4 avril 1982, éjecta à 26 km d'altitude plus de 3 mégatonnes de gaz sulfureux, dont la totalité était transformée en gouttelettes d'acide sulfurique moins de trois mois après. S'il s'avéra tout de suite que l'absorption des radiations solaires au niveau de la stratosphère équatoriale réchauffait celle-ci de 4 °C, l'effet à la surface du sol fut l'objet de controverses et, dans le meilleur (ou le pire !) des cas, le refroidissement n'aurait pas dépassé 0,2 °C. L'éruption du Pinatubo, beaucoup plus puissante (10 km^3 de matériaux et 20 mégatonnes de SO_2 rejetés) aurait entraîné un refroidissement global de 0,5 °C pendant deux ou trois ans. Enfin, les deux éruptions en question révélèrent un résultat inattendu, celui d'une nette décroissance de l'ozone stratosphérique, tant au pôle nord qu'au pôle sud où les plus basses valeurs furent enregistrées en octobre 1993. L'agrandissement du "trou d'ozone" proviendrait d'un effet indirect, les aérosols sulfuriques réduisant la quantité d'azote qui, du coup, laisserait davantage de chlore décomposer l'ozone... Il est évident que la plus grande prudence s'impose dans de telles conclusions et que les difficultés de quantifier l'effet climatique des volcans restent liées aux incertitudes inhérentes à la modélisation du climat.

Les extinctions d'espèces animales sont-elles la conséquence d'un *hiver volcanique* ?

Les perturbations climatiques ne sont pas l'apanage des volcans de subduction. Les éruptions basaltiques, moins explosives mais souvent plus riches en gaz sulfureux et de plus longue durée, peuvent bouleverser leur environnement lorsqu'elles atteignent une grande magnitude. Après l'éruption du Laki en Islande (1783), où quelque 15 km^3 de magma furent émis sur une période de huit mois, un " brouillard sec " se répandit sur toute l'Europe et jusqu'en Sibérie, constitué d'environ 250 mégatonnes d'acide sulfurique et de quantités moindres d'acides chlorhydrique et fluorhydrique. Une telle pollution est difficile à imaginer : disons qu'elle correspond à peu près à celle produite aujourd'hui, en un an, par l'ensemble des activités humaines dans le monde, circulation automobile comprise ! La brume du Laki, épaisse et bleuâtre, voilait le soleil ou même le masquait lorsqu'il était bas sur l'horizon, des pluies acides tombèrent en Ecosse et en Norvège, tandis qu'en Islande même la quasi totalité des récoltes furent détruites et les trois quarts du cheptel périrent, entraînant la mort, par la famine, de 25% des habitants. L'hiver suivant fut le plus froid, ou l'un des plus froids jamais enregistrés non seulement en de nombreuses localités d'Europe, mais aussi en Amérique du Nord et au Japon, sans doute à cause de perturbations des vents d'ouest normaux. Deux autres hivers encore furent particulièrement rigoureux.

Partant de ces constatations, les spécialistes ont essayé de modéliser ce qui a pu se passer lors des inondations de basaltes, supérieures de plusieurs ordres de grandeur à l'éruption du Laki. Celles-ci n'ont-elles pas conduit à un ***hiver volcanique*** total, annihilant toute saison sur des dizaines d'années et semblable à l'hiver nucléaire tant redouté en cas de conflit généralisé ? L'idée semble d'autant plus plausible que de nombreuses espèces animales disparaissent brusquement à certaines époques de l'histoire géologique, et dans plusieurs cas en concomitance avec ces gigantesques éruptions basaltiques. L'exemple le plus connu est celui de l'extinction des dinosaures (mais beaucoup d'autres espèces ont aussi disparu) à la limite Crétacé/Tertiaire, il y a 65 millions d'années, en même temps que sont mis en place les basaltes du Dekkan aux Indes. Une première difficulté réside dans la détermination de la durée exacte de ces épanchements. Ils représentent des volumes colossaux, certes, mais

La ville de Rabaul (Papouasie-Nouvelle-Guinée) est nichée à l'intérieur d'une vaste caldeira sous-marine bordée par les petits cônes actifs de Tavurvur (à gauche) et Vulcan (à droite), qui firent simultanément éruption en 1994. Le dernier grand cataclysme d'ignimbrites s'est produit il y a 1400 ans : il est sans doute à l'origine d'un pic d'acidité enregistré dans les glaces arctiques à cette époque.

s'ils se sont prolongés pendant des millions d'années, le débit moyen n'a finalement rien d'exceptionnel. Or, d'une part l'affinement des méthodes de datation semble bien indiquer une cadence éruptive élevée, d'autre part les études sur le terrain de la dernière inondation basaltique, celle de Columbia River (ouest des U.S.A.) il y a "seulement" 15 millions d'années et dont les produits ont une morphologie relativement conservée, vont dans le même sens. Par exemple les coulées de Roza sont le produit d'une éruption unique de 1300 km^3 (cent fois le volume du Laki) : en une dizaine d'années auraient été rejetées environ 12 000 mégatonnes de SO_2, 1800 d'HF et 700 d'HCl, entraînant un refroidissement atmosphérique de 5 à 15 °C.

Dans le cas du Dekkan le problème est compliqué par la chute probable, à la même époque, d'un astéroïde qui creusa l'immense cratère d'impact de Chixculub dans l'est du Mexique. Les analyses suggèrent que l'impact a généré un énorme nuage de poussières riches en sulfates provenant des sédiments volatilisés (gypse) et donc d'effets semblables à ceux des panaches volcaniques. Si bien qu'aujourd'hui encore des discussions passionnées continuent. L'impact météoritique a-t-il causé les extinctions en masse d'animaux ? Ou celles-ci sont-elles l'oeuvre des gigantesques éruptions basaltiques ? Ou encore ces deux événements extraordinaires ont-ils renforcé mutuellement leur action ? Il faut souligner que d'autres extinctions d'espèces, à différentes époques géologiques, se sont produites sans chute d'astéroïde, mais juste après d'autres inondations de basaltes.

Le volcanisme et la vie de la Terre.

Les énormes quantités de gaz émises par les volcans n'ont pas que des effets négatifs sur la vie - vie animale et végétale ou vie de la planète elle-même. Aux premiers temps d'existence de la Terre, c'est par ce phénomène que se sont formées l'atmosphère et l'eau des océans, lacs ou rivières, sans lesquelles rien de vivant n'eut existé. Est-il possible d'imaginer l'enfance de notre globe ? Avec de nombreuses approximations et incertitudes, la réponse est oui.

Au tout début de son existence (-4,5 milliards d'années), la Terre, échauffée par les phénomènes d'accrétion planétaire, les multiples impacts de météorites, les désintégrations radioactives d'un grand nombre d'éléments et la différenciation très rapide du noyau, devait être largement fondue. Un ***océan de magma*** occupait sa surface, séparé de l'extérieur par une mince croûte craquelée, animée de mouvements rapides et constamment détruite et renouvelée : les “volcans” étaient partout... Vers -4 milliards d'années le noyau était formé et le manteau en grande partie solide, mais des courants de convection nombreux et rapides continuaient de l'agiter, sans doute à la vitesse de plusieurs mètres par an. Les zones de fusion partielle y étaient très importantes et, dans certains cas, on approchait de la fusion totale : les ***komatiites***, ces *laves ultrabasiques* que l'on a trouvées dans des terrains très anciens, entre -3,5 et -1,8 milliards d'années, ont une composition voisine de celle de la péridotite, solide et grenue, qui constitue le manteau actuel. Emises à 1400-1600 °C, les komatiites ont cascadé comme de l'eau et se sont étalées sur d'immenses surfaces, formant par refroidissement la base des continents naissants. Car, dans des magmas aussi fluides, la différenciation était fort active, concentrant silice, alumine et alcalins vers la surface, comme elle le faisait aussi pour les volcans des premières zones de subduction : la croûte continentale s'est ainsi développée, insubmersible et " insubductable ", jusque vers -600 millions d'années où elle atteignit à peu près son extension actuelle. Une tectonique des plaques plus calme, voisine de celle que nous connaissons, prend alors le relais de la jeunesse turbulente de notre planète, et les temps fossilifères commencent. Mais sans les volcans, pas d'atmosphère, pas d'océan, pas de continent, pas de vie sur la Terre.

La partie orientale de Rabaul,
détruite par les éruptions de 1994.

Épilogue

L'HOMME ET LES VOLCANS

COMMENT peut-on vivre sur un volcan ? C'est la première question qui vient à l'esprit quand, après une éruption catastrophique, des scènes de désolation et de mort font " la une " des médias. Abusé par cette présentation très partielle d'un environnement, trompé par la focalisation de l'attention sur tel détail dramatique, le public est entretenu dans la crainte superstitieuse des premiers âges et dans l'idée que les volcans sont un enfer de feu et de lave, ou du moins des régions inhospitalières où il ne fait pas bon s'attarder.

En réalité les conséquences positives du volcanisme l'emportent de beaucoup sur le côté destructeur des crises éruptives. Les sols volcaniques sont d'une extrême fertilité après la décomposition des laves par les agents atmosphériques, ce qui demande quelques siècles ou seulement quelques dizaines d'années, par exemple si les produits de projections meubles (cendres) prédominent sur les coulées, dans un climat chaud et humide. Il est vrai que cette lente maturation ne se prête guère aux émissions de télévision, et qu'un effort de réflexion est nécessaire pour déceler l'origine des délices de la Campanie, des rizières d'Indonésie ou des Philippines, des bananeraies des Antilles ou des champs de fleurs des Canaries. A ces richesses agricoles s'ajoutent, à notre époque, l'exploitation de l'énergie géothermique ou les ressources substantielles procurées par le tourisme : l'esthétique et la renommée du volcan y jouent un rôle non négligeable, dans une ambiance générale de prospérité. Et comme les cataclysmes ne se produisent pas sur tous les cratères, ou ne se renouvellent dans une même région qu'à des intervalles de plusieurs millénaires, force est de constater que la plupart des pays de volcans sont, le plus souvent, de véritables petits paradis. Il ne faut donc pas s'étonner, aujourd'hui, que quatre à cinq cents millions d'humains vivent sous la menace potentielle d'une éruption. Se protéger des dangers volcaniques devient l'une des préoccupations des sociétés modernes, et ce programme a occupé une place importante dans la Décennie internationale des Nations unies pour la prévention des catastrophes naturelles (IDNDR, 1990-2000).

Une première chose consiste à recenser le nombre des victimes et les causes de mortalité. Si l'on sait que le Vésuve a tué plusieurs milliers de nos ancêtres en 79, une comptabilité significative à l'échelle mondiale ne peut guère être menée à bien que pour les deux derniers siècles. C'est en effet la durée maximale de la "période historique" dans beaucoup de pays, celle pour laquelle on possède des documents écrits à peu près fiables. Si l'on remonte plus avant dans le passé, même pour les régions de vieilles civilisations, on assiste à une détérioration rapide de la qualité des données qui rend illusoire toute estimation sérieuse. En respectant donc cette ligne de conduite, on arrive à la conclusion que les volcans, depuis 1783, ont occasionné environ 220 000 décès. Parmi ceux-ci, la majorité (30,3%) provient d'une cause indirecte, à savoir les famines et épidémies successives à l'anéantissement des récoltes et au bouleversement de l'environnement écologique. Viennent ensuite les nuées ardentes ou coulées pyroclastiques (26,8%), puis les torrents boueux ou lahars (17,1%) et les raz de marée ou tsunamis d'origine volcanique (16,9%), c'est-à-dire ceux causés par l'entrée en mer d'une grosse coulée pyroclastique, ou un écroulement de flanc, ou l'effondrement d'une caldeira sous-marine, etc., à l'exclusion des tsunamis beaucoup plus fréquents qui résultent des tremblements de terre tectoniques. Une quantité non négligeable de décès est attribuée à l'effondrement des maisons sous le poids des cendres (4%), en particulier les cendres humides. Les autres causes de mortalité, celles auxquelles pense d'abord le public, comme les coulées de lave, les chutes de projectiles ou les gaz toxiques, n'ont qu'un faible impact. Les habitants de Saint-Pierre de la Martinique sont morts, *étouffés et brûlés* par les cendres fines et l'atmosphère surchauffée de la nuée ardente. Une exception concerne l'éjection de gaz carbonique du Lac Nyos au Cameroun, en 1986, qui causa l'asphyxie de 1700 personnes. Toutefois, s'il est vrai que ce gaz était d'origine magmatique, ce n'est pas une éruption volcanique qui en a provoqué la détente brutale : il s'était accumulé peu à peu au fond du lac, qui a fini par devenir instable et s'est brutalement " retourné".

Les victimes du volcanisme peuvent donc paraître peu nombreuses par rapport à celles d'autres catastrophes naturelles comme les inondations, les cyclones ou même les grands tremblements de terre tectoniques (le seul séisme du Tangshan, en Chine, fit 700 000 morts en 1976). Cependant cet optimisme relatif doit être tempéré par deux sortes de considérations. D'une part la population mondiale s'accroit et son urbanisation grandissante la rend d'autant plus vulnérable (par exemple, si l'éruption de la Montagne Pelée avait eu lieu cinquante ou cent ans plus tard, Saint-Pierre aurait continué à se développer et le nombre des victimes aurait pu approcher de 100 000). D'autre part la durée d'un peu plus de deux siècles pour laquelle on peut établir un recensement des victimes du volcanisme est dramatiquement courte, comparée à l'échelle de temps géologique. Même si l'histoire du monde était parfaitement connue pendant des millénaires, elle n'arriverait pas à englober les gigantesques cataclysmes explosifs comme celui de Toba, il y a 75 000 ans, ou les colossaux épanchements de basaltes qui ont ravagé des pays entiers au cours de l'ère tertiaire. Une éruption "ordinaire" d'ignimbrite de quelques dizaines de km^3, si elle se produisait aujourd'hui à proximité d'une grande ville, pourrait en quelques minutes causer des millions de morts... Il est donc vital, au sens littéral du mot, de bien connaître le caractère de chaque volcan et de surveiller son activité en essayant d'anticiper avec un délai suffisant la prochaine crise majeure.

Reconstituer l'***histoire géologique des éruptions*** passées, déterminer leur nature et les surfaces qu'elles ont affectées, représente un travail fondamental. Connaissant leur degré de violence, on pourra établir une carte des risques pour l'avenir. Il faut rechercher les affleurements, effectuer des datations radiochronologiques, relever des coupes, étudier la nature et l'épaisseur des dépôts. Des bancs de ponces bien calibrées en dimensions sont caractéristiques des retombées pliniennes, des blocs anguleux cimentés dans la cendre fine révèlent l'occurrence des redoutables nuées ardentes, des galets arrondis indiquent d'anciens lahars, etc. Il est utile de procéder à une étude pétrochimique des produits. Une lave acide, riche en silice, a la plus grande probabilité de donner lieu à une éruption explosive, surtout si elle comporte beaucoup de cristaux : en ce cas la pâte, c'est-à-dire la partie liquide du magma au moment de l'éruption, est encore plus acide, en vertu de la loi de cristallisation fractionnée. La nature et la quantité des minéraux présents dans un échantillon, reproduites par des expériences de laboratoire, permet d'estimer avec une étonnante précision la température et la pression de volatils du magma avant l'éruption. Autre exemple : l'amphibole et le mica sont des minéraux instables à basse pression. Ils ont donc tendance à se dissoudre dans le liquide magmatique au moment de sa remontée, en s'entourant d'une " auréole réactionnelle " dont la largeur est inversement proportionnelle à la vitesse de montée. C'est ainsi qu'un pétrologiste américain a pu déterminer la rapidité des mouvements du magma depuis le réservoir du Mont St. Helens : 7 km en moins de 5 jours, confirmant ainsi les résultats des données sismologiques.

Les méthodes géophysiques s'appliquent surtout à la surveillance des éruptions actuelles. Parmi celles-ci, la ***sismologie volcanique*** détecte les plus infimes tremblements de terre causés par les ruptures du sous-sol et les mouvements du magma. Une courbe cumulative, en fonction du temps, du nombre des secousses et de l'énergie libérée par celles-ci est déjà un bon indicateur de l'état d'agitation interne du volcan. Mais une autre donnée intéressante est de suivre les variations de profondeur des foyers séismiques et leur mécanisme, ou encore l'amplitude du ***tremor***, cette vibration continue en relation avec le dégazage du magma, et cela en temps réel, grâce à de puissants ordinateurs : la méthode dite ***RSAM*** *(Real time Seismic AMplitude)* est toute nouvelle et pleine de promesses. Dans tous les cas une source d'énergie est indispensable (batterie ou panneaux solaires) pour alimenter les appareils et transmettre les données, via radio, téléphone ou satellite. La ***tomographie*** sismique est un peu l'équivalent du scanner en médecine. Elle vise à détecter la présence de réservoirs magmatiques, dont le liquide perturbe la propagation des ondes sismiques ; il faut effectuer des tirs d'explosifs pour produire un grand nombre de secousses artificielles en différents points.

Centrale géothermique dans la région de Krafla, au nord de l'Islande.

Rizière des Philippines.

Les ***déformations du sol*** d'un volcan sont liées, le plus souvent, à l'afflux de magma dans son réservoir, qui fait gonfler imperceptiblement la montagne. On peut les mesurer soit par les variations de distances entre plusieurs repères (déformations horizontales), soit par leurs variations d'altitude (déformations verticales), à l'aide de *géodimètres* et de *niveaux* très précis, car les variations sont en général très faibles, quelques cm à l'échelle du massif. Des mesures globales de positionnement par satellites (***GPS***) vont bientôt remplacer les relevés sur le terrain, laborieux et surtout trop lents en cas de crise. Une autre méthode consiste à suivre, en un point donné, les variations de la verticale avec un *inclinomètre*, qui peut être constitué par un niveau d'eau ou par un pendule.

La ***gravimétrie*** utilise, de la même façon, les variations infimes de la pesanteur terrestre causées par les changements de répartition des masses (magma) à l'intérieur du volcan. Comme pour les déformations du sol, les mesures se font par réitération d'un réseau, en établissant des cartes des anomalies entre chaque relevé. Le ***magnétisme*** différentiel compare les enregistrements du champ magnétique terrestre en différents points à ceux d'au moins une station supposée stable et en dehors de la zone d'influence volcanique ; ces variations ne semblent pas dues, comme on serait tenté de le croire, à des réchauffements des roches au dessus du point de Curie, mais plutôt à des changements de pression, circulation de fluides et de courants électriques. La ***polarisation spontanée***, d'ailleurs, mesure les différences de potentiel entre deux électrodes pour suivre le développement d'une injection magmatique en profondeur. Diverses autres méthodes géophysiques, incluant des mesures de température du sol ou des fumerolles, permettent une véritable " auscultation " du volcan.

La ***physico-chimie des gaz*** est basée sur le principe que la dépressurisation du magma lors de sa montée, ou à cause de l'ouverture de fissures, s'accompagne de la fuite rapide vers la surface d'une partie de ses éléments volatils, entraînant des changements de la composition du panache volcanique et surtout du flux, ou débit, de celui-ci. Au début des éruptions du Pinatubo et de Montserrat, par exemple, on a mis en évidence une progression du flux de dioxyde de soufre, mesuré par corrélations de spectrométrie *(COSPEC)*. Ces mesures se font en visant le panache à partir du sol ou, plus efficacement, à l'aide d'un avion ou d'un hélicoptère.

Ces appareils sophistiqués permettent de détecter toute situation anormale, parfois très longtemps à l'avance, et il n'est plus pensable, aujourd'hui, de comprendre le mécanisme de l'activité magmatique sans leur mise en œuvre. Toutefois, c'est un autre problème que d'en tirer des informations pratiques dans une optique de protection civile : date exacte, magnitude et forme du paroxysme à venir, délimitation de la zone dangereuse, durée de l'état d'urgence, etc. Le plus souvent, on ne peut même pas affirmer qu'une éruption va se produire, car des phénomènes semblables se manifestent, soit avant une véritable éruption, soit au cours d'une simple intrusion souterraine de magma qui n'atteint pas la surface (mais qui l'atteindra peut-être lors d'une deuxième, voire d'une troisième crise), d'où les fausses alertes et les inquiétudes prolongées. Par ailleurs, on a vu que les éruptions les plus violentes se produisent souvent dans des volcans depuis longtemps inactifs et non surveillés. Pour pallier à cet inconvénient, plusieurs pays de haute technologie ont mis au point un service d'intervention rapide de façon à prêter assistance aux communautés menacées par un réveil magmatique, et ceci d'autant plus que les pays de risques volcaniques majeurs sont souvent ceux qui ont le moins de ressources pour faire face à une situation d'exception. La prévention volcanologique, c'est donc aussi une question de société, de communication et de solidarité entre les hommes.

Bibliographie sommaire

La plupart des données figurant dans ce livre proviennent du *Bulletin of Volcanology*, revue de l'International Association of Volcanology and Chemistry of the Earth's Interior (IAVCEI), du *Journal of Volcanology and Geothermal Research*, ainsi que de *Volcanoes of the World* par Tom Simkin & Lee Siebert (Smithsonian Institution, Washington, 1994). Pour les ouvrages en français on peut conseiller :

- *Les fureurs de la Terre* (1987), par Claude Allègre (225p.), aux éditions Odile Jacob;

- *Pleins feux sur les volcans* (1993), mémoire n° 163 (286 p.) de la Société Géologique de France, Paris ;

- *Le volcanisme* (1994), n° 25 de la collection " manuels et méthodes " (420 p.),Bureau de Recherches Géologiques et Minières, Orléans ;

- *L'Etna et le monde des volcans* (1996), par Jean-Claude Tanguy et Giuseppe Patanè (280 p.), Diderot Editeur, Paris ;

- *Les volcans : les comprendre, les observer, les visiter* (1997), par Dominique Decobecq (96 p.) aux éditions du Chêne ;

- *Les volcans* (1998) par Claude Jaupart (128 p.), Flammarion, collection Dominos n° 178 ;

- *Volcans vus de l'espace* (1998), par François Girault, Philippe Bouysse et Jean-Philippe Rançon (192 p.) aux éditions Nathan ;

- *Guide des volcans d'Europe et des Canaries* (3ème édition 1999), par Maurice Krafft et François Dominique de Larouzière (418 p.), éditions Delachaux et Niestlé.

- *Volcans de la Terre* (2002), par Jean-Claude Tanguy, éditions Jean-Paul Gisserot, 96 pages.

Dans ces ouvrages on trouvera une abondante bibliographie. L'Association Volcanologique Européenne (L.A.V.E., à Paris) et la Société de Volcanologie de Genève (S.V.G.), diffusent auprès de leurs adhérents des informations sur l'activité volcanique actuelle et les recherches en volcanologie.

Les figures des pages 21 ,25, 64 ont été réalisées par Evelyne Goubet, d'après des modèles simplifiés de la bibliographie internationale. Les autres figures sont extraites de "l'Etna et le monde des volcans".

Éléments chimiques majeurs des roches magmatiques				
N° atomique	Symbole	Nom	Valence courante	Abondance dans la croûte terrestre
8	O	Oxygène	2^-	47%
14	Si	Silicium	4^+	28%
13	Al	Aluminium	3^+	8%
26	Fe	Fer	2^+ ou 3^+	5%
20	Ca	Calcium	2^+	3,6%
11	Na	Sodium	1^+	2,8%
19	K	Potassium	1^+	2,6%
12	Mg	Magnésium	2^+	2,1%
22	Ti	Titane	4^+	0,5%

Principaux gaz volcaniques

- Vapeur d'eau (H_2O)
- gaz ou anhydride carbonique CO_2 (dioxyde de carbone)
- gaz ou anhydride sulfureux SO_2 (dioxyde de soufre)
- acide chlorhydrique (HCl)
- acide fluorhydrique (HF)

Table des Matières

CHAPITRE 1

QU'EST-CE QU'UN VOLCAN ?

CHAPITRE 2

DIVERSITÉ DE L'ACTIVITÉ ÉRUPTIVE

Chapitre 3
Minéraux et roches magmatiques

Chapitre 4
Le volcanisme, témoin d'une planète vivante

Les volcans

Nuée ardente sur les pentes de la Soufrière de Montserrat (Antilles), en avril 1997.

Page de droite : le cratère central de l'Etna (Voragine) en juillet 1998.

Ouvrage imprimé par Pollina pour le compte des Editions Gisserot
10 rue Gracieuse Paris 5e

N° d'impression : L89991
Imprimé en France